Web应用软件测试“1+X”职业技能等级证书系列丛书

Web

应用软件测试（初级）

北京四合天地科技有限公司◎主编

中国铁道出版社有限公司
CHINA RAILWAY PUBLISHING HOUSE CO., LTD.

内 容 简 介

本书参照“Web应用软件测试职业技能等级标准（初级）”部分，根据互联网企业、软件企业、向数字化转型的企事业单位的研发及软件测试等部门，面向功能测试等工作岗位涉及的工作领域和工作任务所需的职业技能要求，介绍Web应用软件功能验证及确认等工作内容。

本书是“Web应用软件测试职业技能等级标准（初级）”的培训认证配套用书，可以作为中职院校、高职院校计算机及相关专业的教材，也可作为对Web应用软件测试感兴趣的读者的指导用书。

图书在版编目（CIP）数据

Web应用软件测试：初级 / 北京四合天地科技有限公司主编 . —北京：中国铁道出版社有限公司，2021. 11（2025.1重印）
Web应用软件测试“1+X”职业技能等级证书系列丛书
ISBN 978-7-113-28509-8

Ⅰ. ①W… Ⅱ. ①北… Ⅲ. ①软件－测试－职业技能－鉴定－教材 Ⅳ. ①TP311. 55

中国版本图书馆CIP数据核字（2021）第222820号

书　　名：Web应用软件测试（初级）
作　　者：北京四合天地科技有限公司

策　　划：翟玉峰　　编辑部电话：（010）51873135
责任编辑：翟玉峰　徐盼欣
封面设计：刘　莎
责任校对：焦桂荣
责任印制：赵星辰

出版发行：中国铁道出版社有限公司（100054，北京市西城区右安门西街8号）
网　　址：https://www.tdpress.com/51eds
印　　刷：三河市国英印务有限公司
版　　次：2021年11月第1版　2025年1月第3次印刷
开　　本：850 mm×1 168 mm 1/16　印张：7.75　字数：184千
书　　号：ISBN 978-7-113-28509-8
定　　价：26.00元

前　言

新一代信息技术已经成为推动全球产业变革的核心力量，并且不断集聚创新资源与要素，与新业务形态、新商业模式互动融合，快速推动农业、工业和服务业的转型升级和变革。互联网已经为全球产业发展构建起全新的发展和运行模式，推动产业组织模式、服务模式和商业模式全面创新。“新基建”的部署将激发更多新增需求，产生更深层次的影响，加速产业互联网的繁荣发展。与 App 应用主要集中在生活领域不同，Web 应用更广泛分布于生产、工作和生活领域，Web 应用软件的质量受到新的考验。产业互联网的规模不断扩大，到 2021 年，Web 应用软件测试专业人才需求量为 77.92 万人，预计到 2024 年， Web 应用软件测试专业人才需求量为 139.18 万人，人才需求激增。

为帮助读者学习和掌握“Web 应用软件测试职业技能等级标准”中涵盖的实践技术技能，北京四合天地科技有限公司组织企业工程技术人员编写了本书。

Web 应用软件测试“1+X”职业技能等级证书系列丛书编写过程中，分析行业企业的 Web 应用软件测试相关岗位人才需求，并委托咨询公司调研国内 1 000 余家行业内的龙头企业和中小微型企业 Web 应用软件测试相关岗位设置、技术技能需求、从业者学历及专业情况，充分考虑企业人才需求梯队情况，将教材划分为初级、中级、高级三个等级。每个等级技能要求与 Web 应用软件测试相关岗位的层级相对应，与 Web 应用软件测试的技能要求、复杂程度和熟练度相适应，三个级别对应的职业技能要求、应具备的能力依次递进。

《Web 应用软件测试（初级）》主要面向互联网企业、软件企业、向数字化转型的企事业单位的研发及软件测试等部门，针对功能测试等工作岗位，主要介绍完成 Web 应用软件功能验证及确认等工作。

掌握本书技术技能后，能根据业务需求，完成测试环境搭建、测试用例设计工具安装、缺陷管理工具安装，使用思维导图工具、原型图设计工具、测试用例设计工具、缺陷管理工具，完成功能需求分析、功能测试用例设计、功能测试用例执行、测试文档设计等相关工作。

本书包括三个单元，各单元主要内容如下：

单元 1 为环境搭建与配置，包括测试环境搭建与配置、测试用例设计工具安装与配置、缺陷管理工具安装与配置三个模块。

单元 2 为工具使用与配置，包括思维导图工具使用与配置、原型图设计工具使用与配置、测试用例设计工具使用与配置、缺陷管理工具使用与配置四个模块。

单元 3 为功能测试，包括功能需求分析、功能测试用例设计、功能测试用例执行、测试文档设计四个模块。

各单元的模块由若干任务组成，以任务介绍、任务目标、知识储备、任务实施为主线进行技术技能的学习与实训，部分单元配有单元项目实战，部分模块配有模块综合练习。

参与本书编写工作的有北京四合天地科技有限公司黄嘉琦、雷雨、蒋佳骏、余艳、曹桂英，广州番禺职业技术学院杨鹏，福建船政交通职业学院吴金，湖南机电职业技术学院丁文，金华职业技术学院陈晓龙，山东劳动职业技术学院綦宝声，常州信息职业技术学院凌明胜，广东科学技术职业学院吴胜兵等。

由于编者水平有限，书中难免有不妥和疏漏之处，恳请广大读者批评指正。

编　者

2021 年 6 月

目　录

单元 1

环境搭建与配置

测试环境包括硬件环境和软件环境。硬件环境指测试必需的服务器、客户端、网络连接设备，以及辅助硬件设备所构成的环境；软件环境指被测软件运行时的操作系统、数据库，以及其他应用软件构成的环境。

在针对软件环境进行详细搭建之前，需先熟悉搭建测试环境的原则。

- 一致：开发环境、测试环境和生产环境要保持一致；
- 真实：尽量模拟用户的真实使用环境；
- 独立：测试环境与开发环境相互独立，避免造成相互干扰。

在大部分公司，往往由开发人员进行测试环境的搭建，测试人员直接使用，这可能会导致测试人员因不了解测试环境而无法发现因为环境产生的Bug。测试人员应该具备测试环境的搭建及配置、测试工具的安装及使用能力，以便更好地从底层发现问题。

本单元针对测试环境搭建与配置、测试用例设计工具安装与配置、缺陷管理工具安装与配置等方面进行环境搭建的学习，使读者掌握自主搭建和配置测试环境，支撑后续测试。

学习目标

- 搭建并配置 Windows 环境下的 JDK；
- 搭建并配置 Windows 环境下的 MySQL；
- 搭建并配置 Windows 环境下的 Tomcat；
- 搭建并配置 Windows 环境下的 Apache；
- 安装并配置 TestLink；
- 安装并配置禅道；
- 安装并配置 Mantis。

模块 1　测试环境搭建与配置

软件测试实施环境是对软件系统进行各级测试所基于的软硬件设备和支持。测试实施环境包括被测软件的运行平台和用于各级测试的工具。实施环境必须尽可能地模拟真实环境，以期能够测试出真实环境中的所有问题，同时，也需要理想的环境，以便找出问题的真正原因。本模块主要针对 Windows 下的 JDK、MySQL、Tomcat、Apache 等环境的搭建与配置进行介绍。

任务 1.1　JDK 搭建与配置

视频
JDK搭建

任务介绍

JDK 是 Java 语言的软件开发工具包，主要用于移动设备、嵌入式设备上的 Java 应用程序，是整个 Java 开发的核心，它包含 Java 的运行环境和 Java 工具。本任务针对 JDK 的搭建与配置进行介绍。

任务目标

搭建 JDK 环境，并配置系统环境变量。

任务实施

下面开始基于 Windows 操作系统下的 JDK 环境搭建与配置。

（1）JDK 官网下载地址：https://www.oracle.com/technetwork/java/javase/downloads/jdk8-downloads-2133151.html。根据操作系统下载相应的 JDK 安装文件。下载后双击安装文件，进入 JDK 安装向导，如图 1-1-1-1 所示，单击“下一步”按钮。

根据实际需要，可以更改 JDK 安装目录，设置安装目录后如图 1-1-1-2 所示，单击“下一步”按钮。

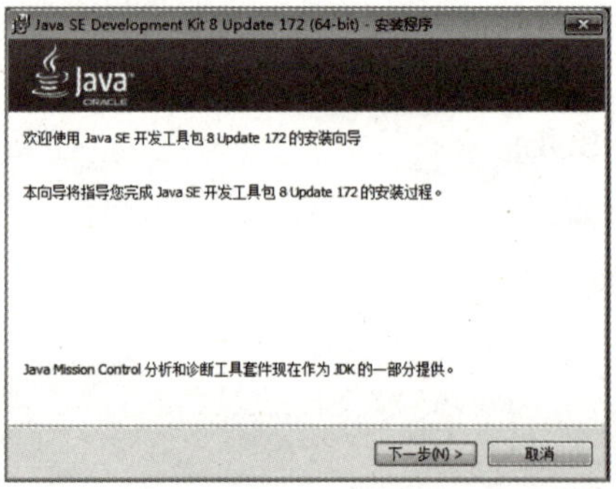

图　1-1-1-1

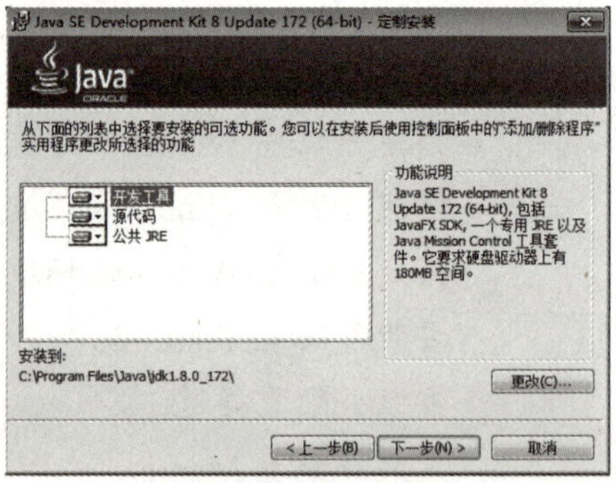

图　1-1-1-2

JDK 开始自动安装，如图 1-1-1-3 所示。

安装 JRE 时也可以修改安装目录，如图 1-1-1-4 所示。若不需要更改目录，直接单击“下一步”按钮即可。

图　1-1-1-3

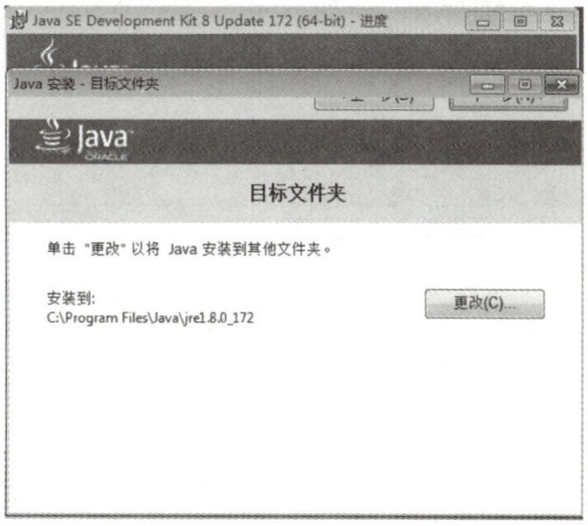

图　1-1-1-4

安装进度显示页面，如图 1-1-1-5 所示。

JDK 安装完成，如图 1-1-1-6 所示，单击“关闭”按钮，关闭安装对话框。

图　1-1-1-5

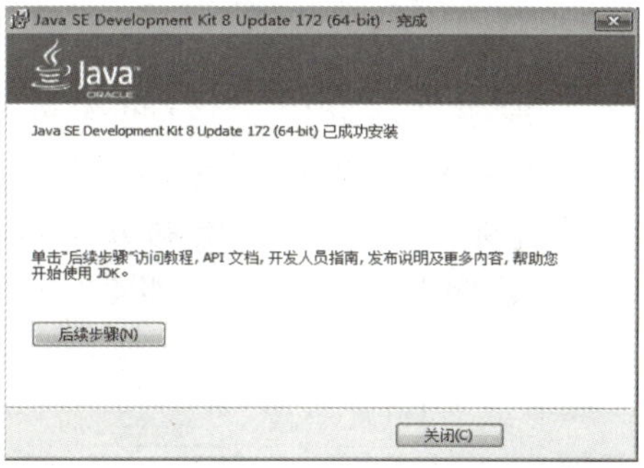

图　1-1-1-6

（2）安装完成后打开 cmd 命令行窗口，输入命令 java -version，显示如图 1-1-1-7 所示，表明 JDK 安装成功。

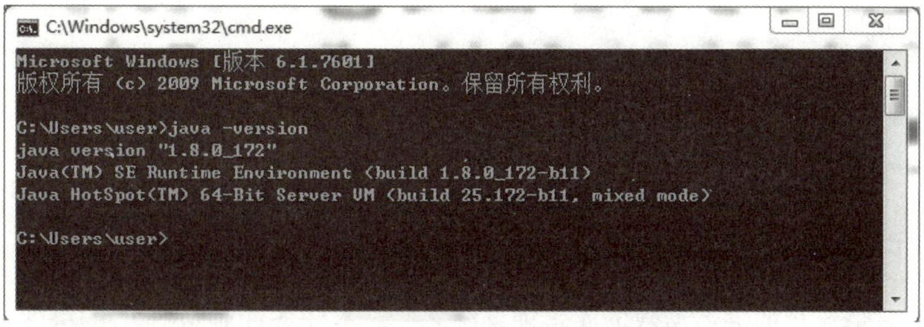

图　1-1-1-7

如果cmd命令行窗口没有出现图1-1-1-7所示信息，可以用以下方法配置系统环境变量：右击“计算机”图标，选择“属性”命令，选择“高级系统设置”→“高级”→“环境变量”，打开“环境变量”对话框，如图1-1-1-8所示。

在“系统变量”区域中新建JAVA_HOME变量，变量值填写JDK的安装目录，如图1-1-1-9所示。

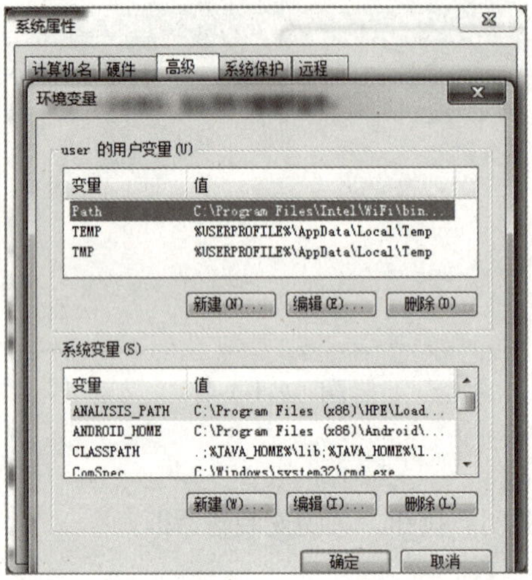

图 1-1-1-8

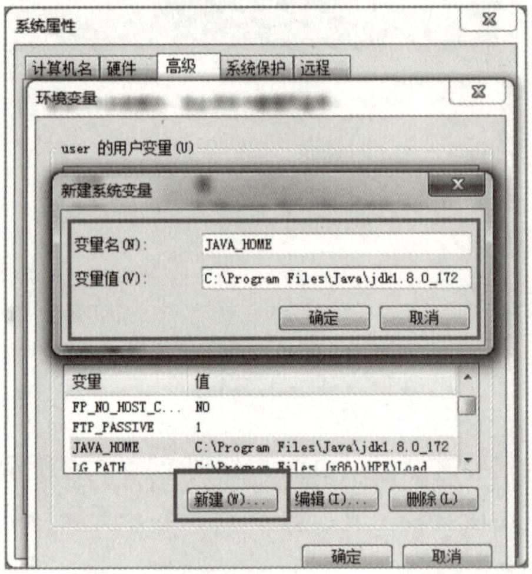

图 1-1-1-9

在“系统变量”区域中寻找Path变量，单击“编辑”按钮，在变量值最后输入%JAVA_HOME%\bin;%JAVA_HOME%\jre\bin，如图1-1-1-10所示。

在“系统变量”区域中新建CLASSPATH变量，变量值填写.;%JAVA_HOME%\lib;%JAVA_HOME%\lib\tools.jar，如图1-1-1-11所示。

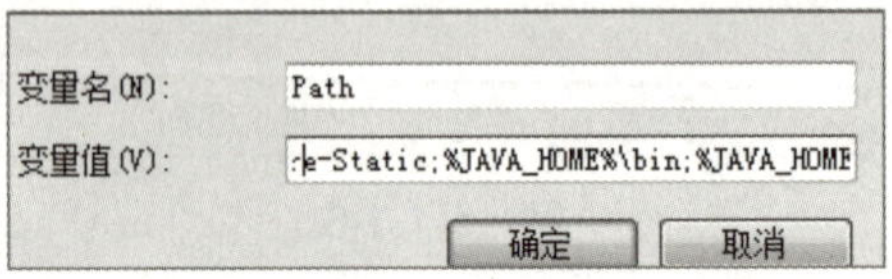

图 1-1-1-10

图 1-1-1-11

（3）环境变量配置完成后，再在cmd命令行窗口中输入java -version命令，验证JDK是否安装成功。

视频
MySQL搭建

任务 1.2 MySQL 搭建与配置

任务介绍

MySQL是最流行的关系型数据库管理系统之一。本任务针对MySQL的搭建与配置进行介绍。

任务目标

搭建 MySQL 环境，并配置系统环境变量。

任务实施

下面开始基于 Windows 操作系统下的 MySQL 环境搭建与配置。

（1）MySQL 下载地址为 https://dev.mysql.com/downloads/mysql/，如图 1-1-2-1 所示。

打开 MySQL 安装程序，开始安装 MySQL，如果弹出需要安装 .NET Framework 4.0 的提示对话框，那么需要先安装 .NET Framework 4.0，如图 1-1-2-2 所示。

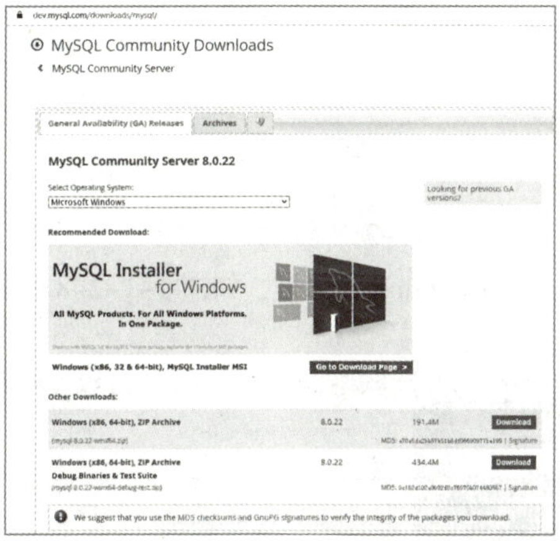

图 1-1-2-1

图 1-1-2-2

.NET Framework 4.0 下载地址为 https://dotnet.microsoft.com/download/dotnet-framework/net40，如图 1-1-2-3 所示。

打开 .NET Framework 4.0 安装程序，安装 .NET Framework 4.0，勾选“我已阅读并接受许可条款”复选框，如图 1-1-2-4 所示，单击“安装”按钮。

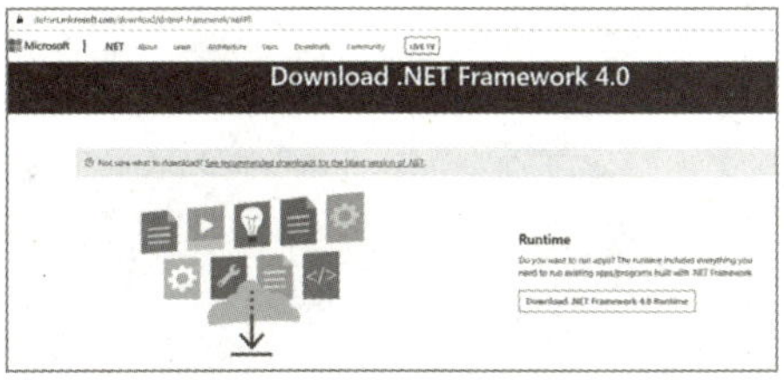

图 1-1-2-3

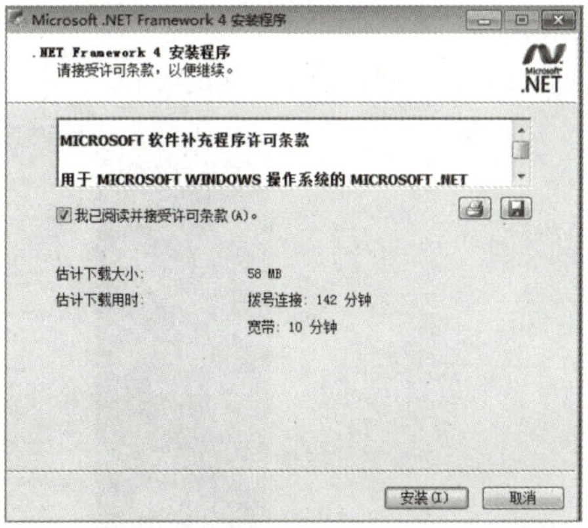

图 1-1-2-4

.NET Framework 4.0 安装进度页面如图 1–1–2–5 所示。

.NET Framework 4.0 安装完毕页面如图 1–1–2–6 所示。

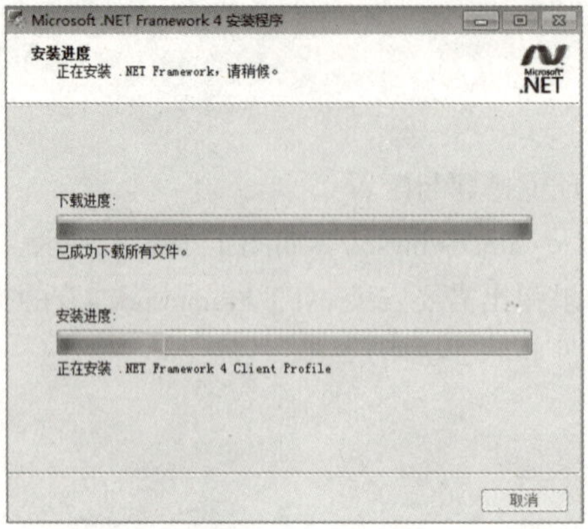

图　1-1-2-5

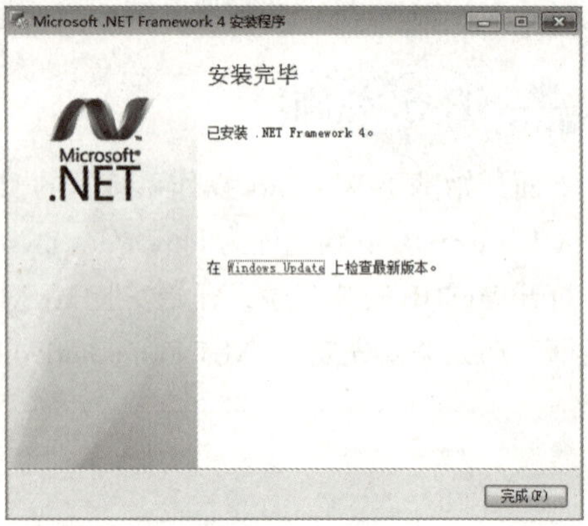

图　1-1-2-6

再次打开 MySQL 安装程序，开始安装 MySQL，如图 1–1–2–7 所示。

进入 License Agreement 页面，勾选 I accept the license terms 复选框，如图 1–1–2–8 所示，单击 Next 按钮。

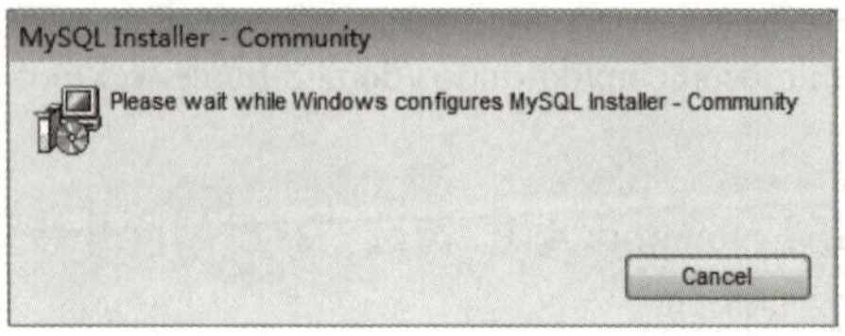

图　1-1-2-7

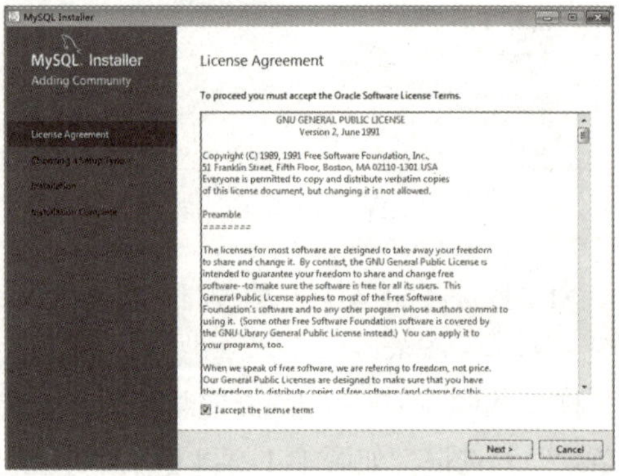

图　1-1-2-8

安装类型选择自定义安装 Custom，如图 1–1–2–9 所示，单击 Next 按钮。

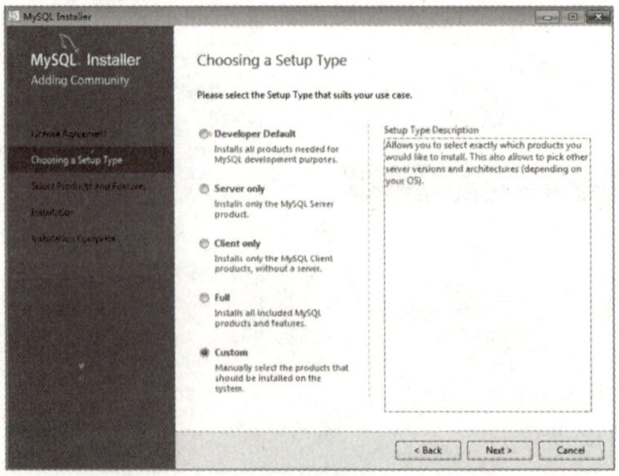

图　1-1-2-9

选择要安装的应用，这里只安装 MySQL Server。

选中 MySQL Server 5.7.17 - X64，单击向右箭头，将 MySQL Server 5.7.17 - X64 加入安装列表，MySQL Server 5.7.17 - X64 子节点只勾选 MySQL Server 及其子节点。

要安装的应用选择完成后，如图 1-1-2-10 所示，单击 Next 按钮。

进入 Installation 页面，如图 1-1-2-11 所示，单击 Execute 按钮。

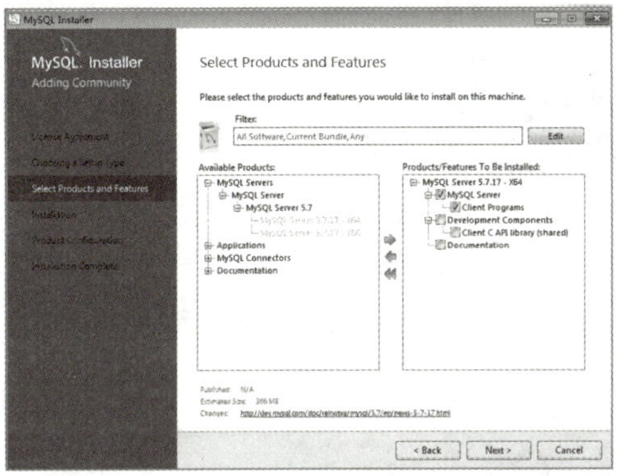

图 1-1-2-10

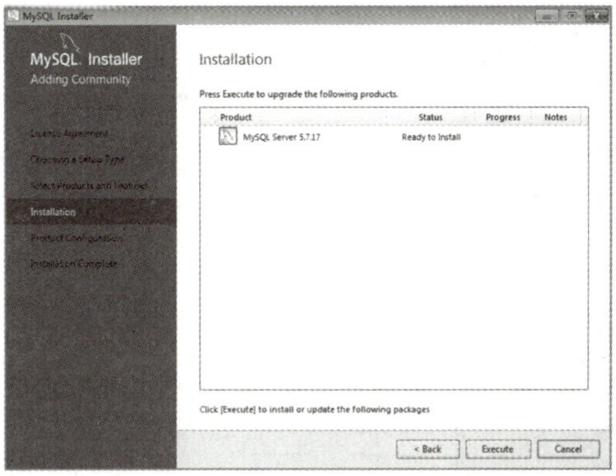

图 1-1-2-11

安装页面如图 1-1-2-12 所示。

安装完成，如图 1-1-2-13 所示，单击 Next 按钮。

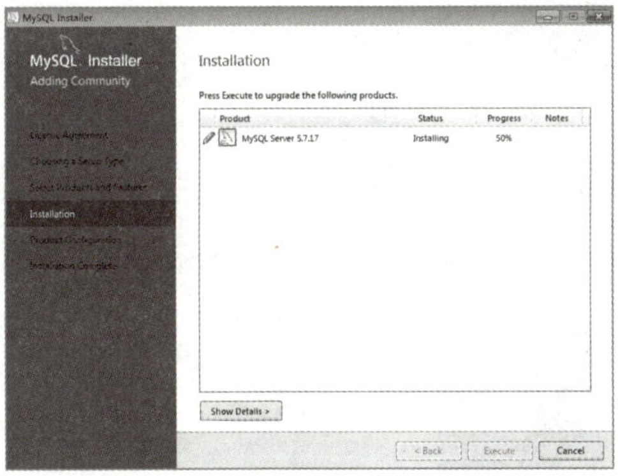

图 1-1-2-12

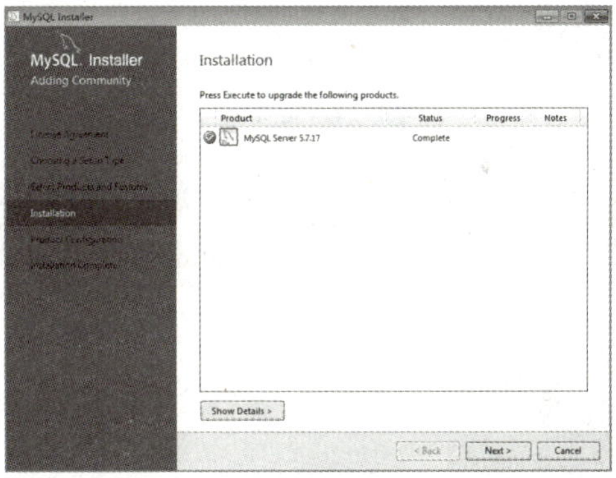

图 1-1-2-13

进入 Product Configuration 页面，如图 1-1-2-14 所示，单击 Next 按钮。

进入 Type and Networking 页面，Config Type 选择 Development Machine，如图 1-1-2-15 所示，单击 Next 按钮。

进入 Accounts and Roles 页面，设置 Root 用户的密码，如图 1-1-2-16 所示，单击 Next 按钮。

进入 Windows Service 页面，Windows Service Name 即 MySQL 实例的名称，可自定义。如图 1-1-2-17 所示，单击 Next 按钮。

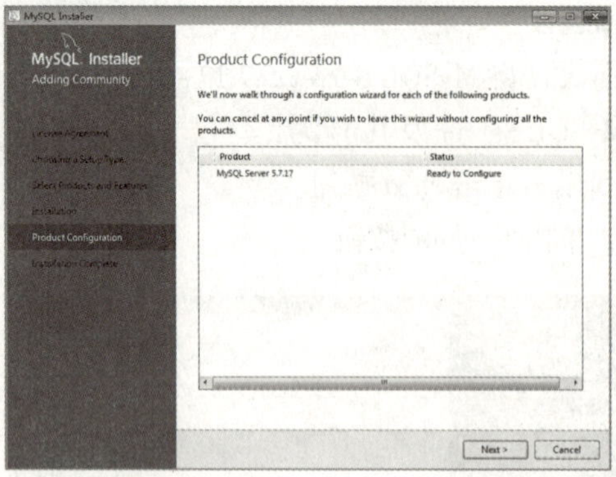

图 1-1-2-14

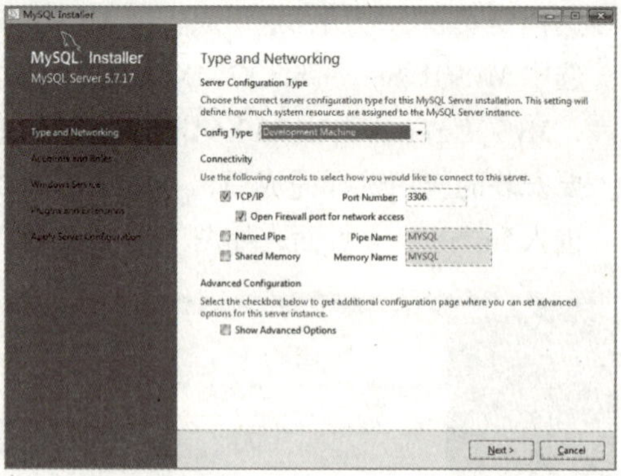

图 1-1-2-15

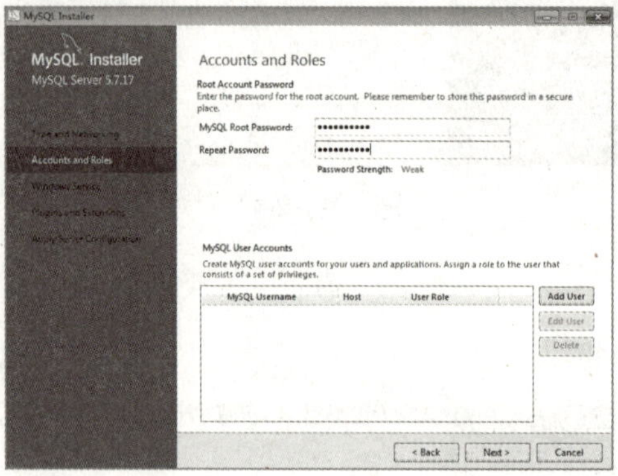

图 1-1-2-16

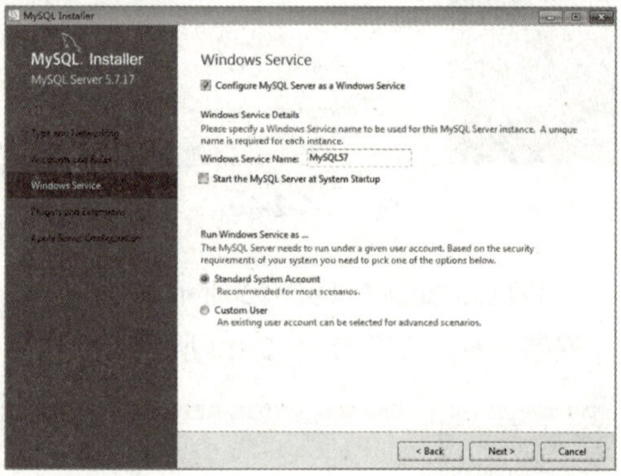

图 1-1-2-17

进入 Plugins and Extensions 页面，如图 1-1-2-18 所示，单击 Next 按钮。

进入 Apply Server Configuration 页面，如图 1-1-2-19 所示，单击 Execute 按钮。

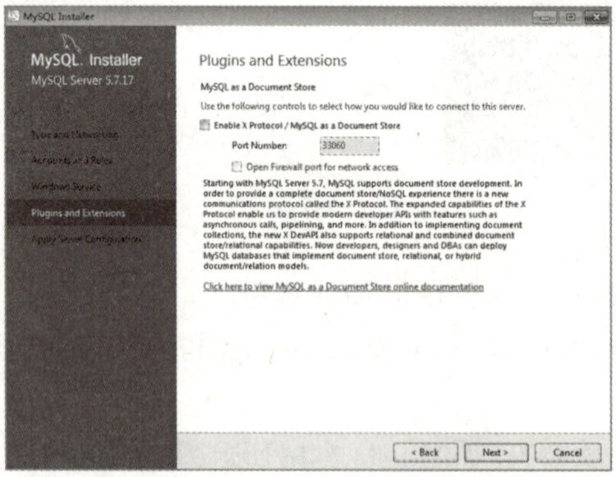

图 1-1-2-18

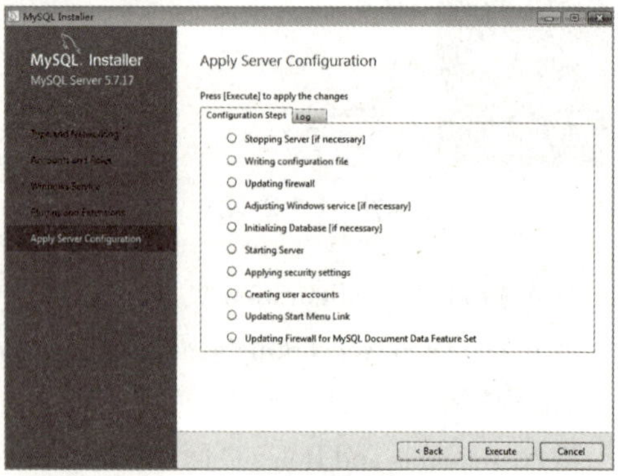

图 1-1-2-19

配置执行中页面如图 1-1-2-20 所示。

配置执行完成，如图 1-1-2-21 所示，单击 Finish 按钮。

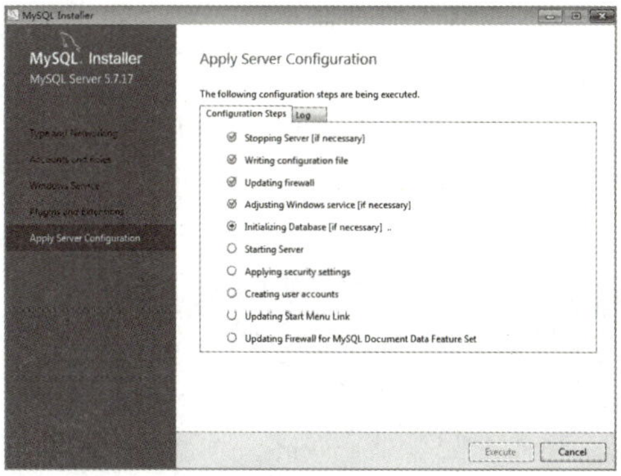

图 1-1-2-20

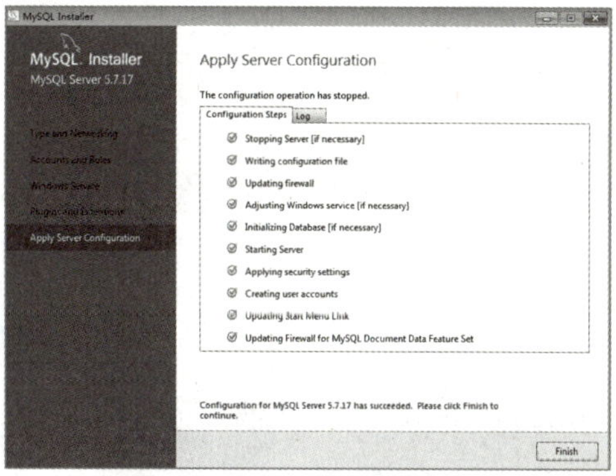

图 1-1-2-21

进入 Product Configuration 页面，如图 1-1-2-22 所示，单击 Next 按钮。

进入 Installation Complete 页面，如图 1-1-2-23 所示，单击 Finish 按钮。

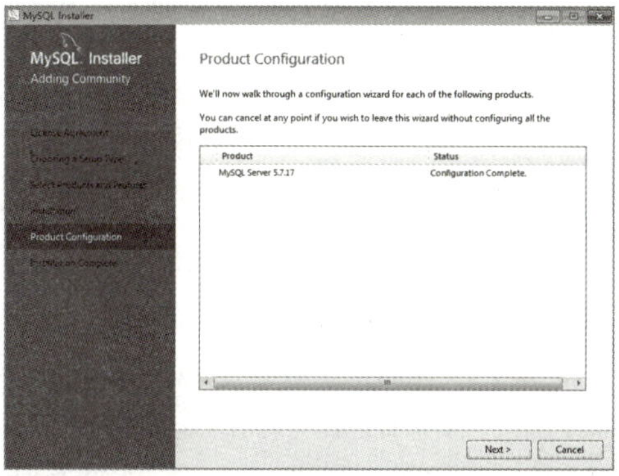

图 1-1-2-22

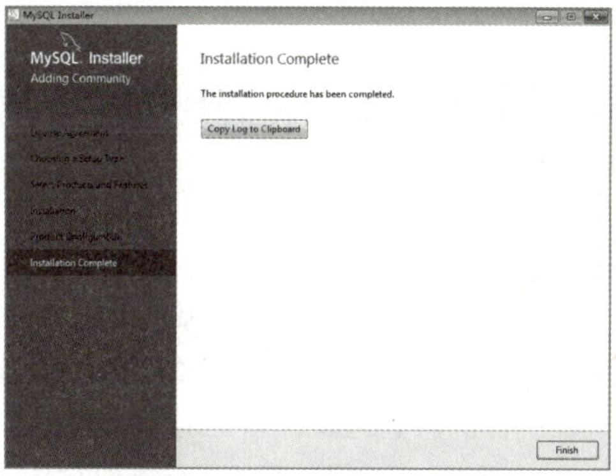

图 1-1-2-23

MySQL 安装目录如图 1-1-2-24 所示。

（2）配置环境变量，在“系统变量”区域的 Path 中添加 MySQL 的 bin 目录地址，这里是 C:\Program Files\MySQL\MySQL Server 5.7\bin，如图 1-1-2-25 所示。

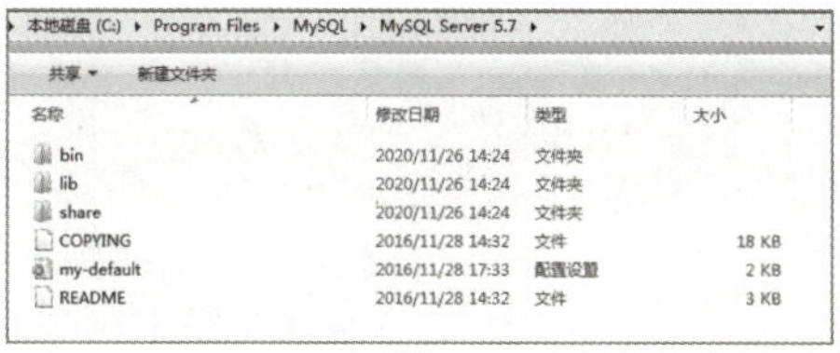

图 1-1-2-24

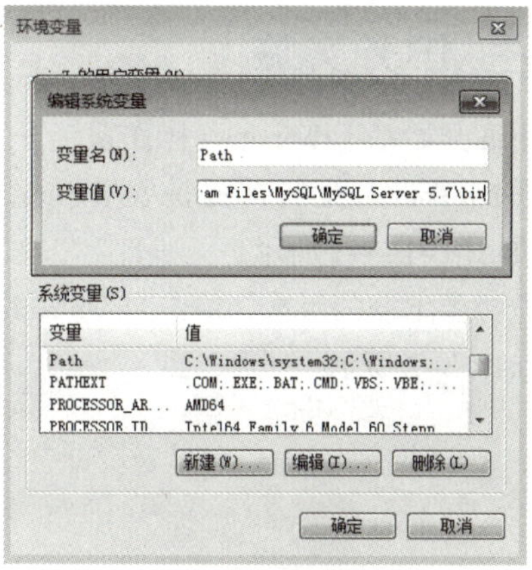

图 1-1-2-25

以管理员身份打开 cmd 命令行窗口，启动 MySQL 服务，启动命令为“net start <MySQL 实例名称 >”，如图 1-1-2-26 所示。

打开 cmd 命令行窗口，输入命令 mysql –u root –p 登录 MySQL 数据库。登录时需要输入 root 用户的密码，如图 1-1-2-27 所示。

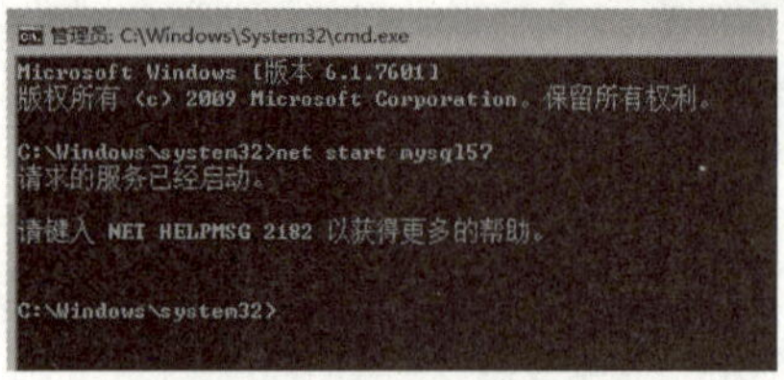

图 1-1-2-26

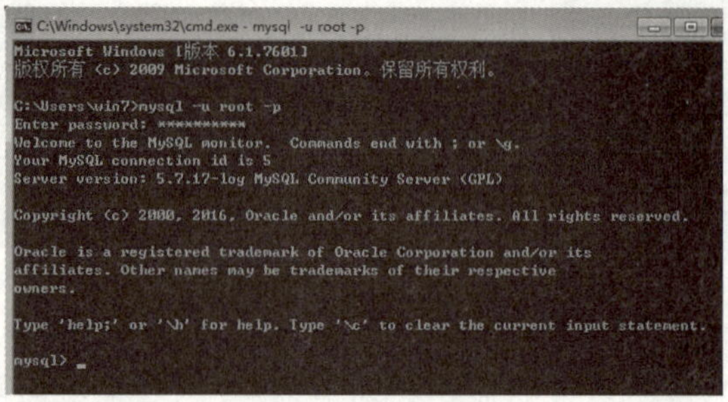

图 1-1-2-27

视频
Tomcat搭建

任务 1.3 Tomcat 搭建与配置

任务介绍

Tomcat 服务器是一个开放源代码的 Web 应用服务器，属于轻量级应用服务器，在中小型系统和并发访问用户不是很多的场合下普遍使用，是开发和调试 JSP 程序的首选。

在一台机器上配置好 Apache 服务器之后，可利用它响应 HTML 页面的访问请求。实际上 Tomcat 是 Apache 服务器的扩展，但它是独立运行的，所以当运行 Tomcat 时，它实际上是作为一个与 Apache 独立的进程单独运行。本任务针对 Tomcat 的搭建与配置进行介绍。

任务目标

搭建 Tomcat 环境，并配置系统环境变量。

任务实施

下面开始基于 Windows 操作系统下的 Tomcat 环境搭建与配置。

（1）Tomcat 运行前提是安装并配置好了 JDK。Tomcat 下载地址为 http://tomcat.apache.org，如图 1-1-3-1 所示。

选择要下载的版本，单击 Download 按钮，进入该版本下载页面，这里选择版本 9.0.40，如图 1-1-3-2 所示。

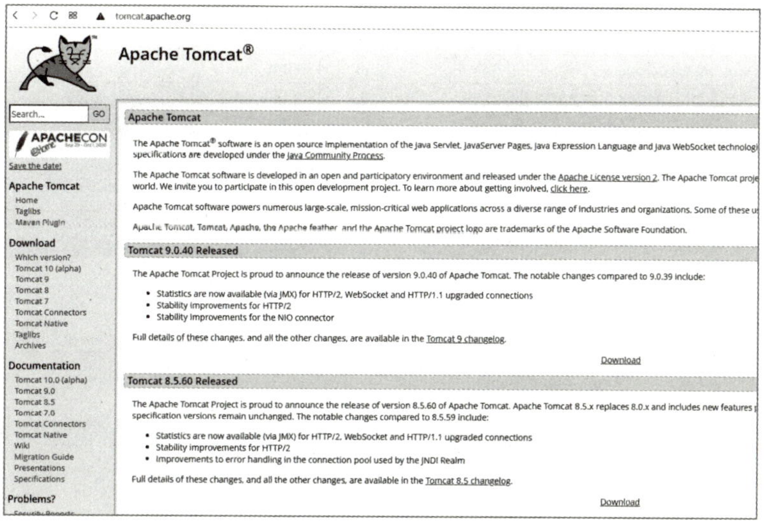

图 1-1-3-1

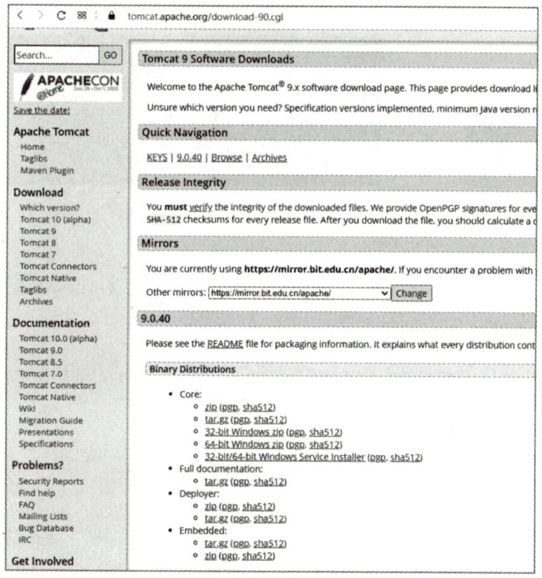

图 1-1-3-2

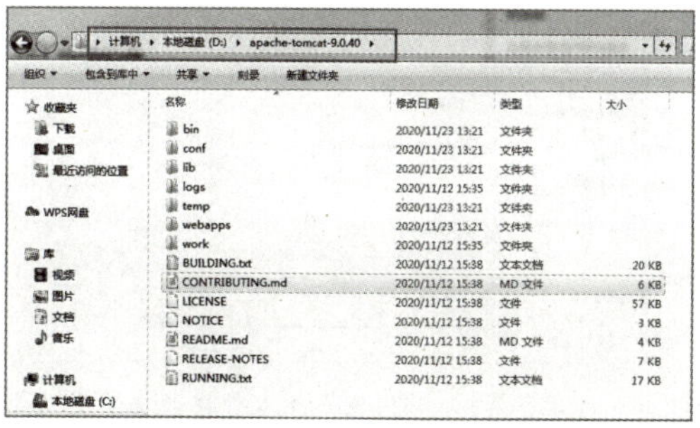

图 1-1-3-3

在 Tomcat 9.0.40 下载页面，根据 Windows 系统，下载相应的版本，下载完成后，将压缩包解压到 D 盘，如图 1-1-3-3 所示。

（2）配置系统环境变量，新建系统变量，变量名是 CATALINA_HOME，变量值是 Tomcat 解压后的文件路径，如图 1-1-3-4 所示。

编辑 Path 变量，在变量值的末尾添加 “%CATALINA_HOME%\bin;%CATALINA_

HOME%\lib”，如图 1-1-3-5 所示。

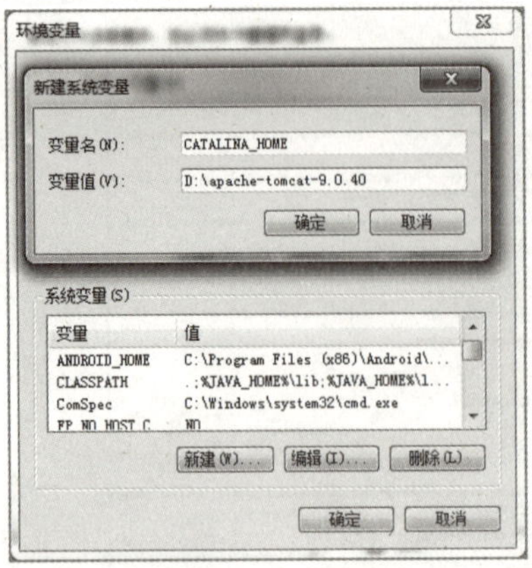

图 1-1-3-4

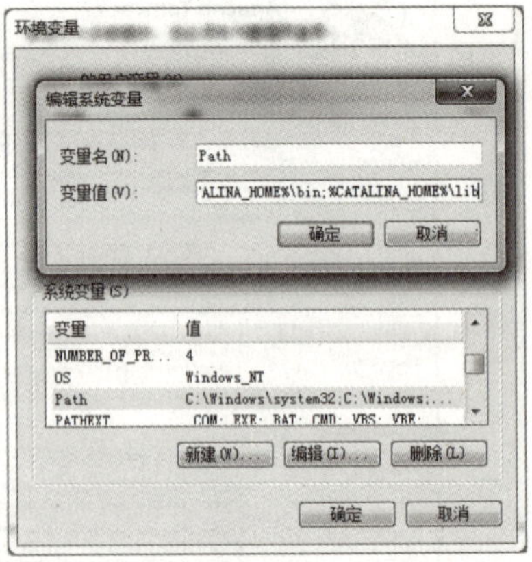

图 1-1-3-5

（3）通过 cmd 命令行窗口，进入 Tomcat 的 bin 目录，如图 1-1-3-6 所示。

在 Tomcat 的 bin 目录下，输入 service.bat install 命令，安装 Tomcat 服务，如图 1-1-3-7 所示。

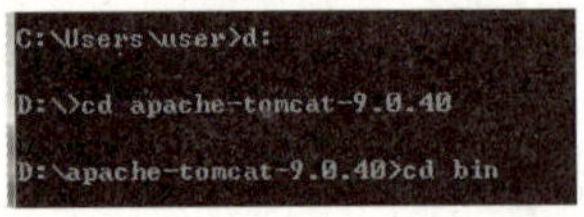

图 1-1-3-6

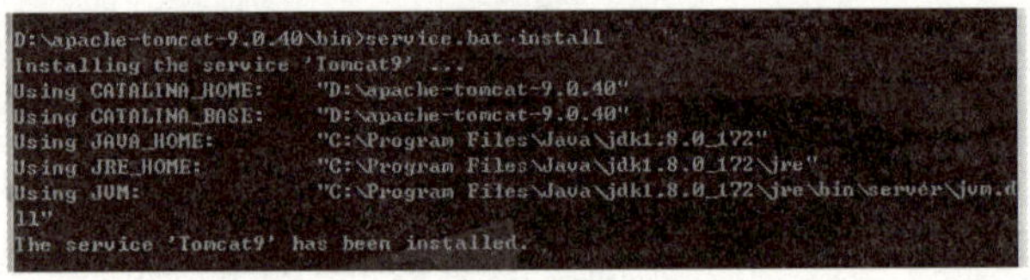

图 1-1-3-7

（4）出现 The service 'Tomcat9' has been installed.，代表 Tomcat 服务安装成功，在 Tomcat 的 bin 目录下，双击 tomcat9w.exe，如图 1-1-3-8 所示。

弹出 Apache Tomcat 9.0 Tomcat9 Properties 对话框，对话框中显示 Tomcat 服务状态，如图 1-1-3-9 所示。

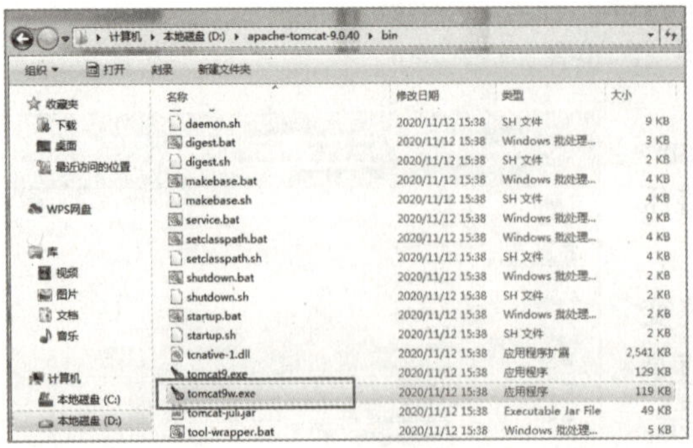

图 1-1-3-8

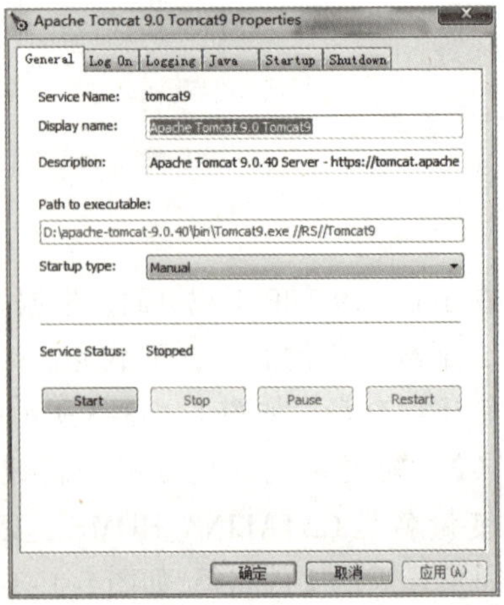

图 1-1-3-9

单击对话框中的 Start 按钮，运行 Tomcat，如图 1-1-3-10 所示。

Tomcat 运行后，Apache Tomcat 9.0 Tomcat9 Properties 对话框显示服务状态已启动，Start 按钮置灰不可单击，如图 1-1-3-11 所示。

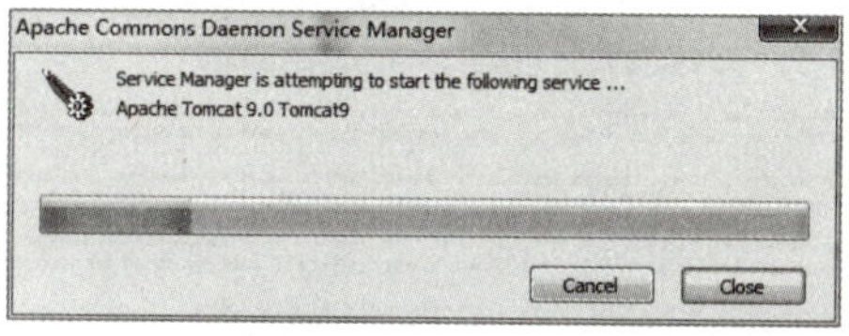

图 1-1-3-10

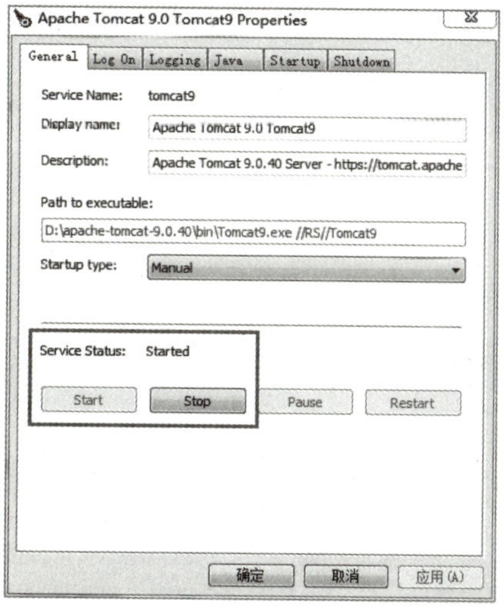

图 1-1-3-11

（5）在浏览器中输入 http://localhost:8080，出现 Tomcat 主页，表明 Tomcat 启动成功，如图 1-1-3-12 所示。

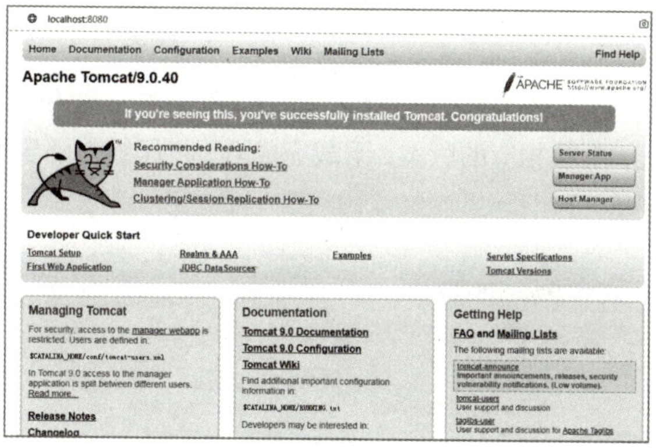

图 1-1-3-12

任务 1.4 Apache 搭建与配置

任务介绍

视频 Apache 搭建

Apache 可以运行在几乎所有广泛使用的计算机平台上，由于其跨平台和安全性被广泛使用，是最流行的 Web 服务器端软件之一，快速、可靠并且可通过简单的 API 扩充，将 Perl/

Python 等解释器编译到服务器中。本任务针对 Apache 的搭建与配置进行介绍。

任务目标

搭建 Apache 环境，并配置系统环境变量。

任务实施

下面开始基于 Windows 操作系统下的 Apache 环境搭建与配置。

（1）Apache 下载地址为 https://www.apachelounge.com/download/，如图 1-1-4-1 所示。

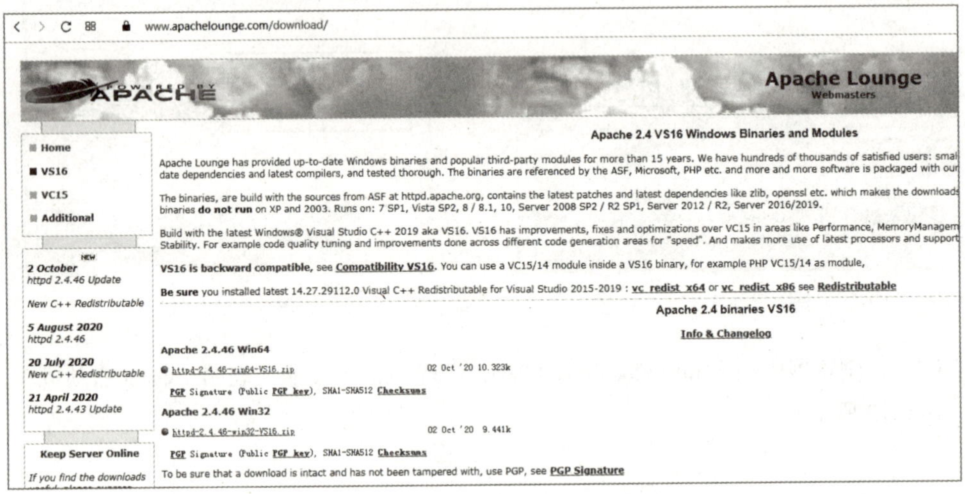

图 1-1-4-1

根据 Windows 系统，下载相应的版本，下载完成后，将压缩包解压到 D 盘，如图 1-1-4-2 所示。

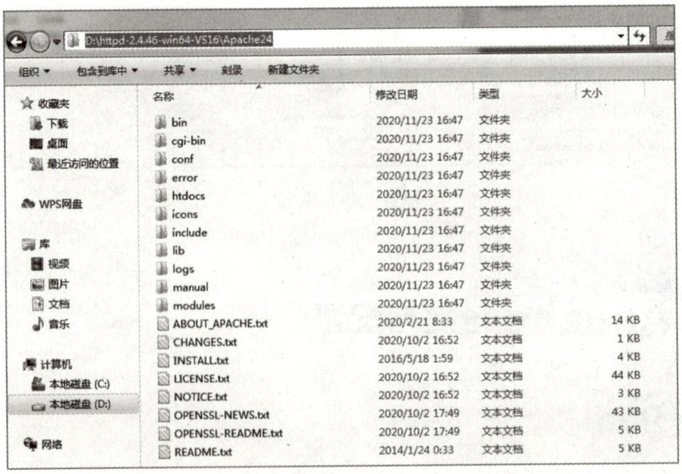

图 1-1-4-2

使用文本编辑器打开 conf 文件夹下面的 httpd.conf 文件，如图 1-1-4-3 所示。

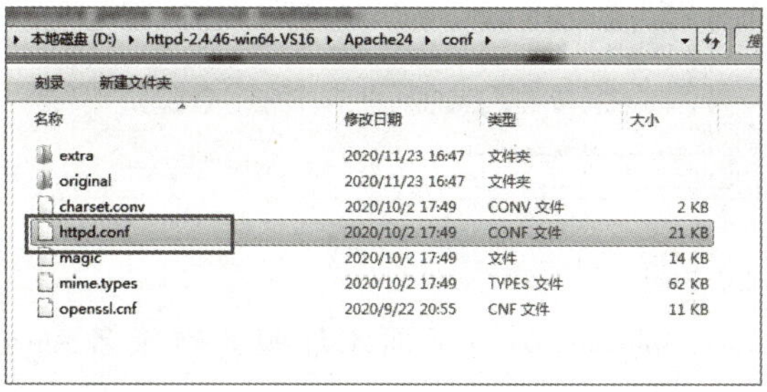

图 1-1-4-3

找到 Define SRVROOT 一行，如图 1-1-4-4 所示。

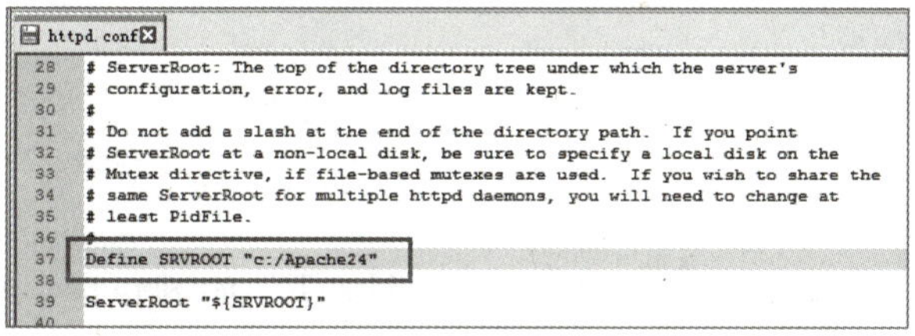

图 1-1-4-4

将 Define SRVROOT 的值修改为解压的 Apache24 的路径，如图 1-1-4-5 所示。

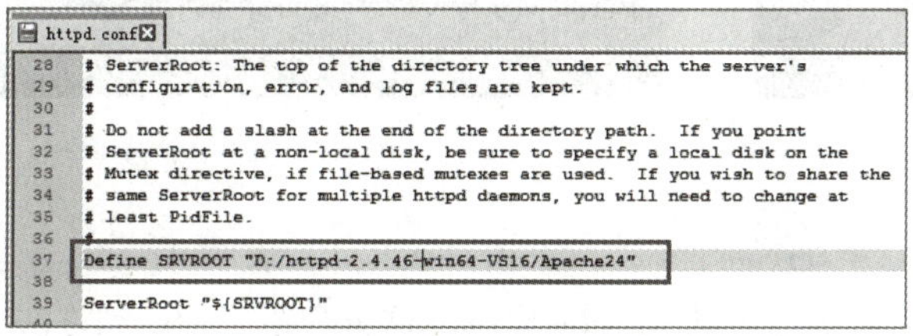

图 1-1-4-5

找到 Listen 行，默认端口是 80，如图 1-1-4-6 所示。

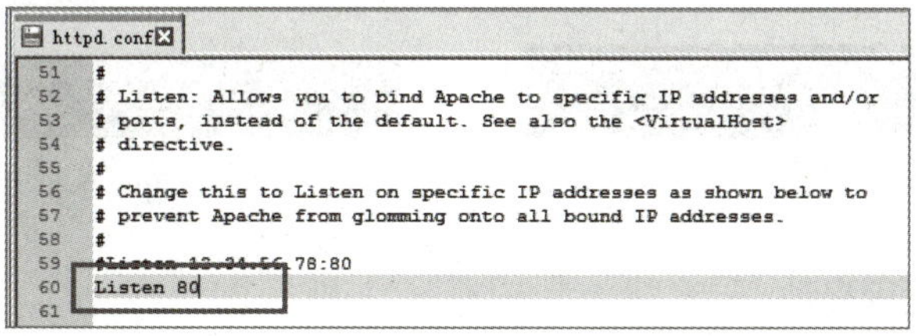

图 1-1-4-6

如果 80 端口被占用，则将 80 修改为没有被占用的端口号，这里修改为 8089，如图 1-1-4-7 所示。

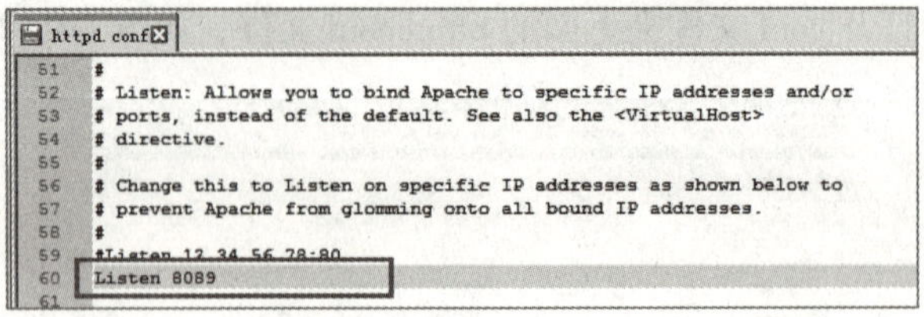

图 1-1-4-7

在 #ServerName www.example.com:80 行下面添加服务器域名 ServerName localhost:8089，如图 1-1-4-8 所示，如果之前设置的端口号不是 8089，则将端口号改为设置的端口号。

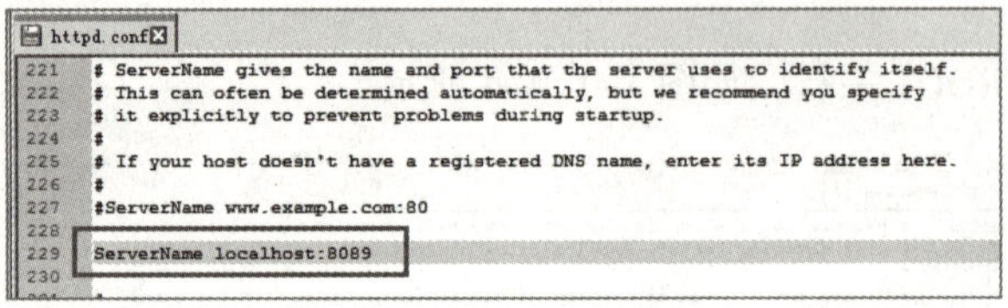

图 1-1-4-8

通过 cmd 命令行窗口，进入 Apache24 的 bin 目录下，如图 1-1-4-9 所示。

输入命令 httpd.exe –k install，安装 Apache，如图 1-1-4-10 所示。

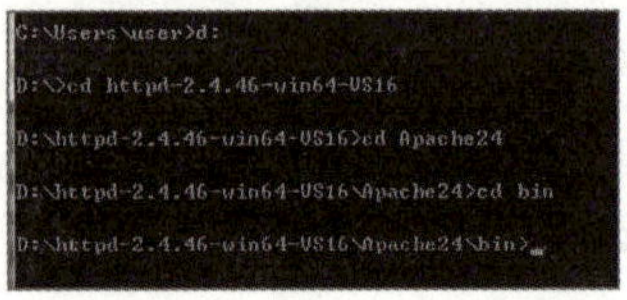

图 1-1-4-9

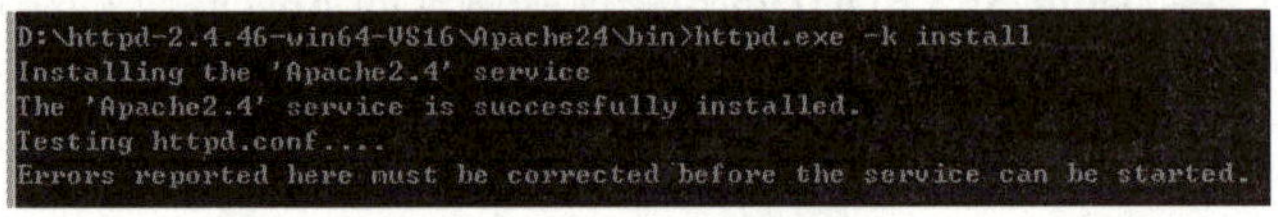

图 1-1-4-10

出现 The 'Apache2.4' service is successfully installed.，表明 Apache 安装成功。

（2）安装成功了之后，启动 Apache 服务，这里介绍三种启动方法。

① 使用 cmd 命令行窗口启动。

启动命令为 net start Apache2.4，如图 1-1-4-11 所示。

停止命令为 net stop Apache2.4，如图 1-1-4-12 所示。

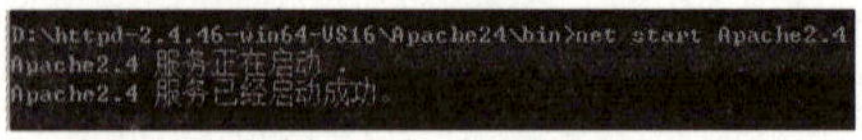

图 1-1-4-11

图 1-1-4-12

② 使用计算机管理启动。

打开计算机管理，在服务中，找到 Apache2.4 服务，如图 1-1-4-13 所示，单击“启动”按钮启动 Apache。

打开计算机管理，在服务中，找到 Apache2.4 服务，如图 1-1-4-14 所示，单击“停止”按钮停止 Apache。

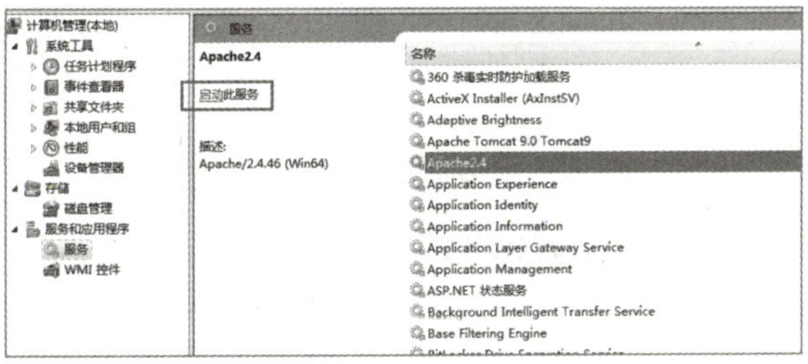

图 1-1-4-13

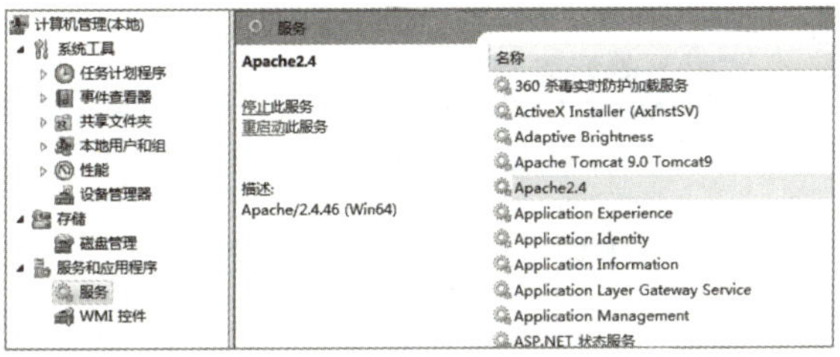

图 1-1-4-14

③ 使用 ApacheMonitor.exe 启动。

双击 bin 目录下的 ApacheMonitor.exe，如图 1-1-4-15 所示。

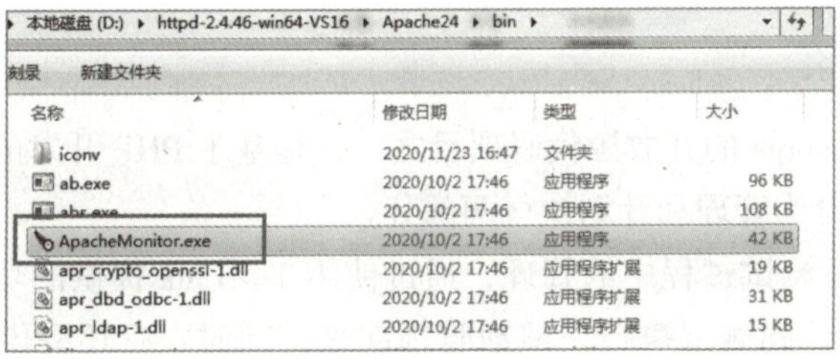

图 1-1-4-15

在任务栏右下角有一个图标，单击这个图标，弹出 Apache Service Monitor 对话框，如图 1-1-4-16 所示，单击 Start 按钮，启动 Apache。

Apache 启动后，Start 按钮置灰不可单击，如图 1-1-4-17 所示，单击 Stop 按钮，可以停止 Apache。

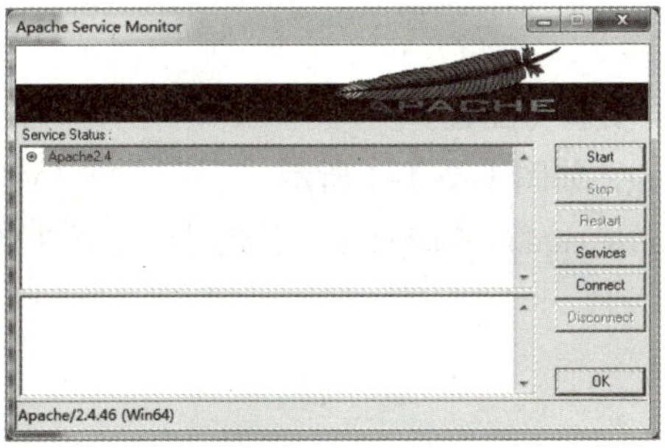

图 1-1-4-16

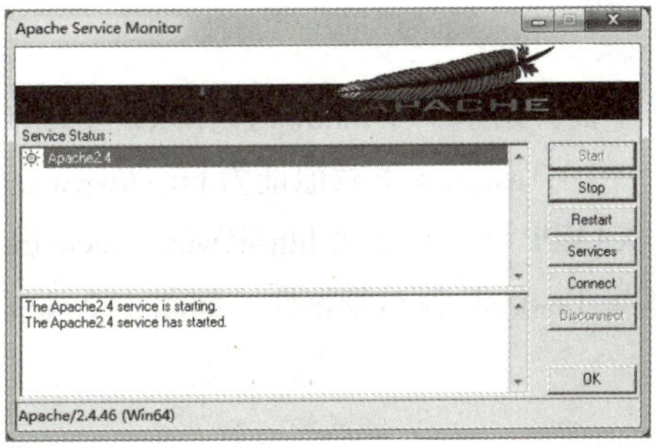

图 1-1-4-17

在浏览器中输入 http://localhost:8089，出现“It works!”，表明 Apache 启动成功，如图 1-1-4-18 所示。

图 1-1-4-18

模块 2 测试用例设计工具安装与配置

在实际的执行测试过程中，为更加方便、快捷地设计测试用例，更加高效地管理测试用例，需要使用测试用例设计工具辅助进行测试用例设计工作，目前行业中较为常见的有 Excel、TestLink、禅道等工具。本模块主要针对 TestLink、禅道的安装与配置进行介绍。

任务 2.1 TestLink 安装与配置

视频
TestLink搭建

任务介绍

TestLink 是 Sourceforge 的开放源代码项目之一，是基于 PHP 开发的、Web 方式的测试管理系统，其功能可以分为管理和计划执行两部分。

TestLink 用于进行测试过程中的管理，通过使用 TestLink 提供的功能，可以将测试过程从测试需求、测试设计到测试执行完整地管理起来，同时，它还提供多种测试结果的统计和分析，能够简单地开始测试工作和分析测试结果。本任务针对 TestLink 的安装与配置进行介绍。

任务目标

安装并配置 TestLink。

任务实施

下面开始基于 Windows 操作系统下的 TestLink 安装与配置。

（1）TestLink 下载地址为 http://www.testlink.org，如图 1-2-1-1 所示。

XAMPP 下载地址为 https://www.apachefriends.org/zh_cn/download.html。下载时需注意 XAMPP 版本与 TestLink 版本兼容性，如图 1-2-1-2 所示。

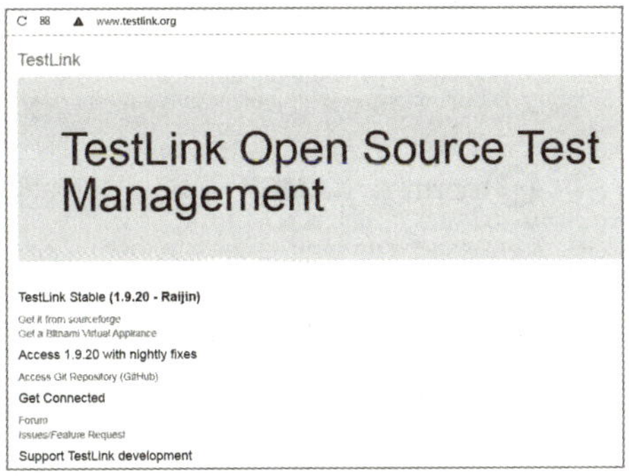

图 1-2-1-1

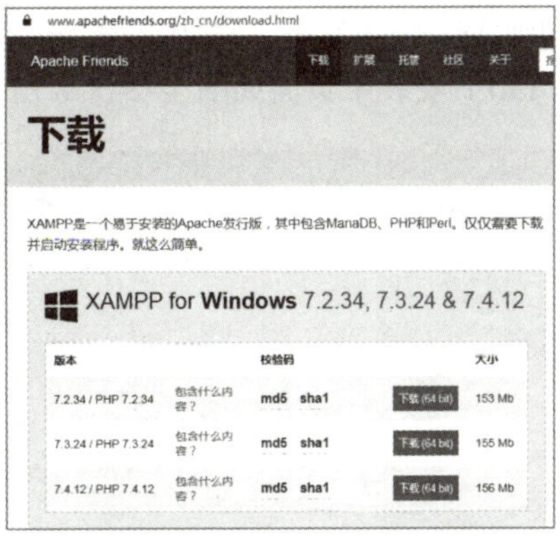

图 1-2-1-2

打开 XAMPP 安装程序，开始安装 XAMPP，如图 1–2–1–3 所示，单击 Next 按钮。

选择要安装的组件，如图 1–2–1–4 所示，单击 Next 按钮。

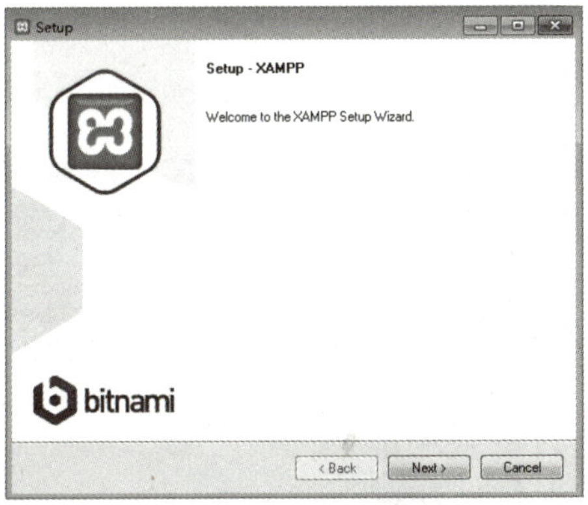

图 1-2-1-3

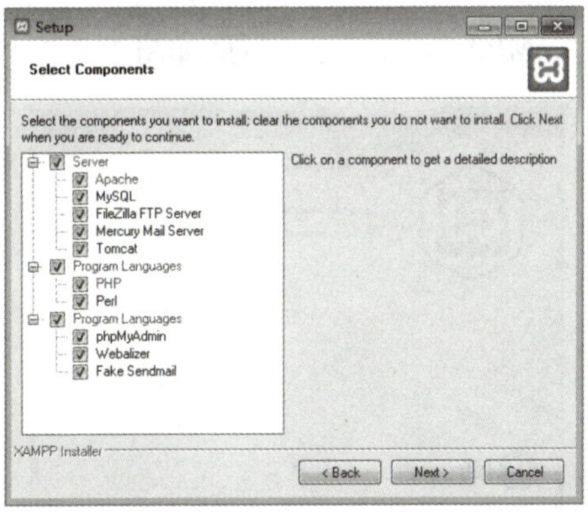

图 1-2-1-4

选择安装路径，如图 1–2–1–5 所示，单击 Next 按钮。

如图 1–2–1–6 所示，直接单击 Next 按钮。

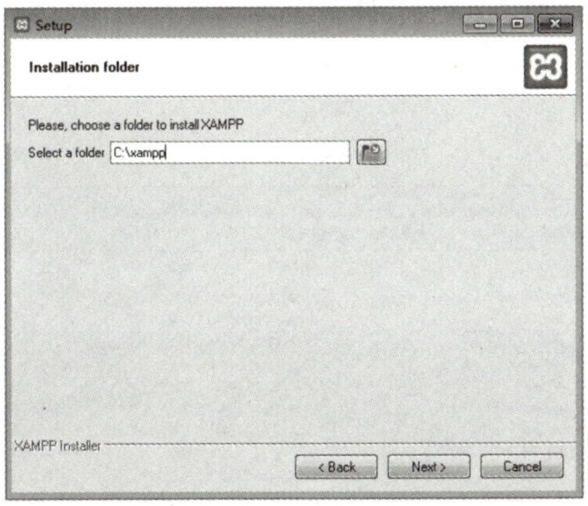

图 1-2-1-5

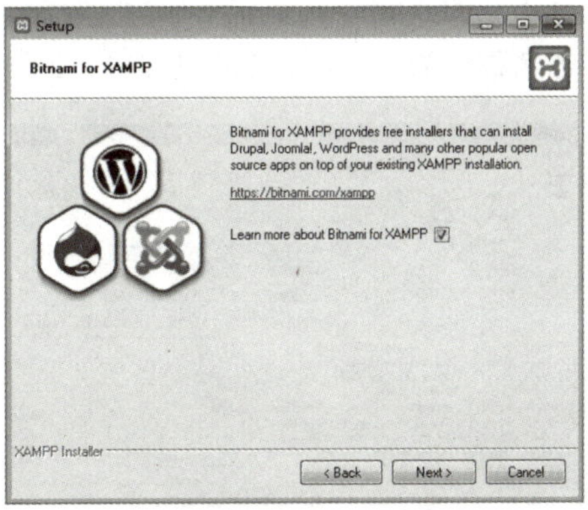

图 1-2-1-6

如图 1–2–1–7 所示，直接单击 Next 按钮。

XAMPP 安装中页面如图 1–2–1–8 所示。

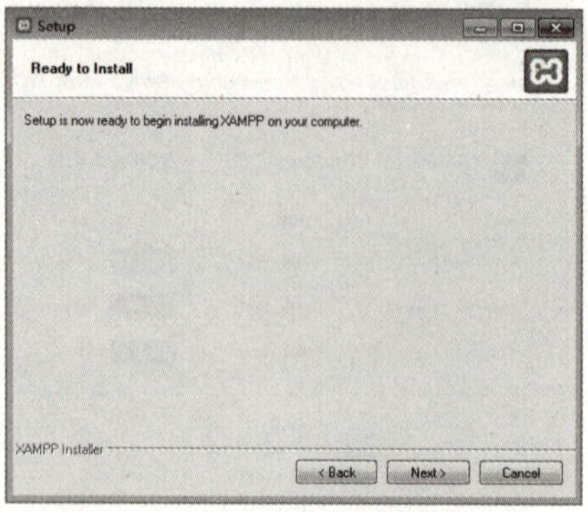

图 1-2-1-7

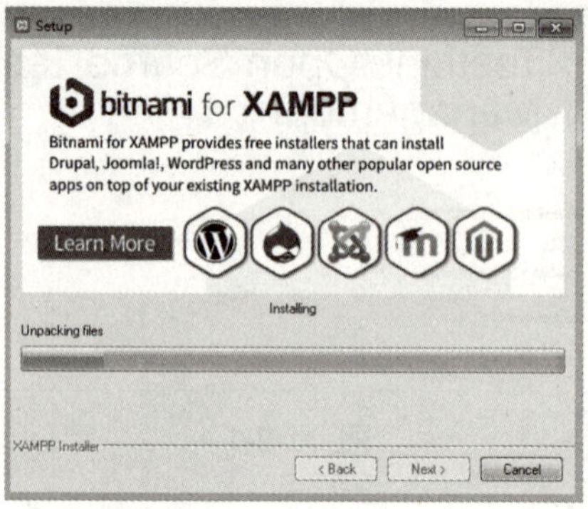

图 1-2-1-8

XAMPP 安装完成页面如图 1–2–1–9 所示。

XAMPP Control Panel 页面如图 1–2–1–10 所示。

图 1-2-1-9

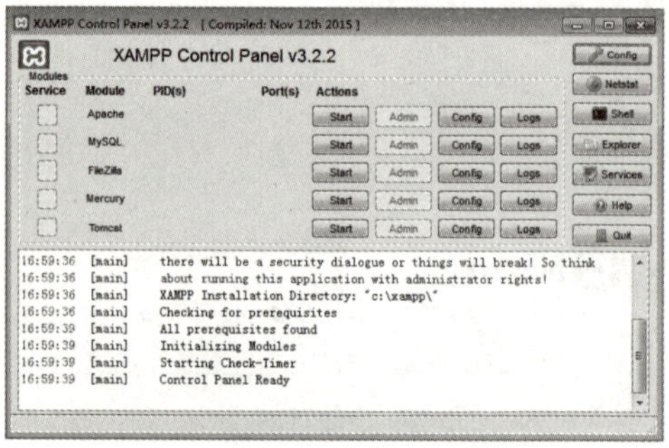

图 1-2-1-10

（2）如图 1–2–1–11 所示，单击 Apache 和 MySQL 的 Start 按钮，启动这两个服务。

将下载的 testlink 压缩包解压后，复制到 xampp 的 htdocs 文件夹下面，并且去掉后缀名，将目录名称改为 testlink，如图 1–2–1–12 所示。

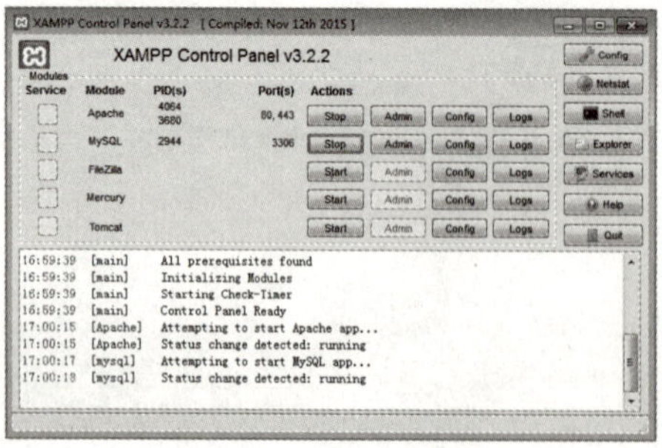

图 1-2-1-11

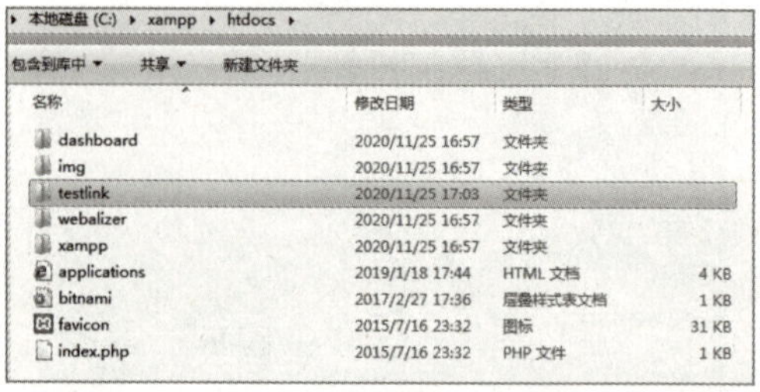

图 1-2-1-12

在 XAMPP Control Panel 中，如图 1–2–1–13 所示，单击 Shell 按钮。

打开 shell 窗口，登录 MySQL，新建一个数据库 testlink，如图 1–2–1–14 所示。

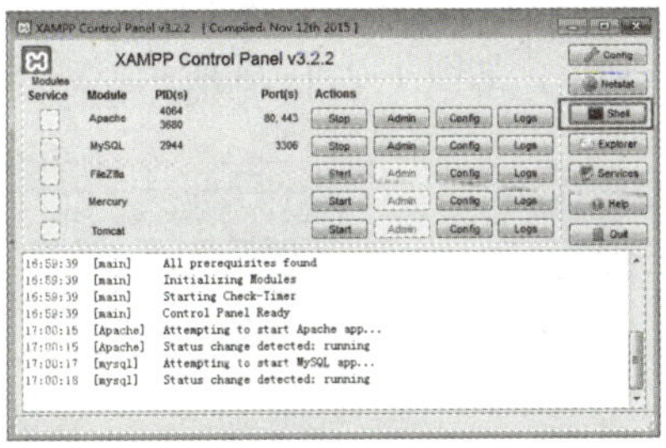

图 1-2-1-13

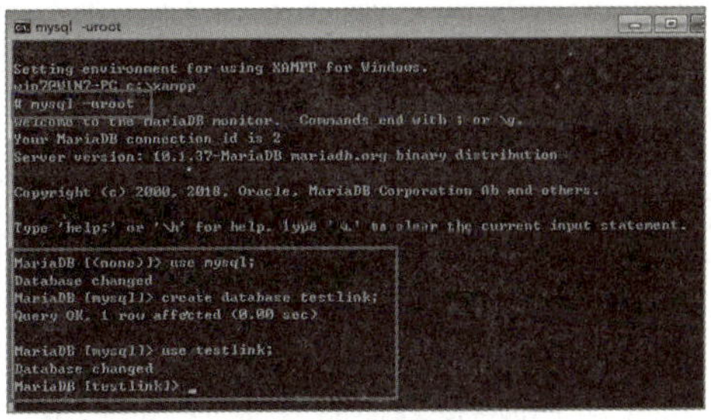

图 1-2-1-14

在 testlink 目录下，用文本编辑器打开 config.inc.php 文件，如图 1–2–1–15 所示。

原代码：$tlCfg->log_path = '/var/testlink/logs/'; /* unix example */

改为：$tlCfg->log_path = TL_ABS_PATH . 'logs/';，如图 1–2–1–16 所示。

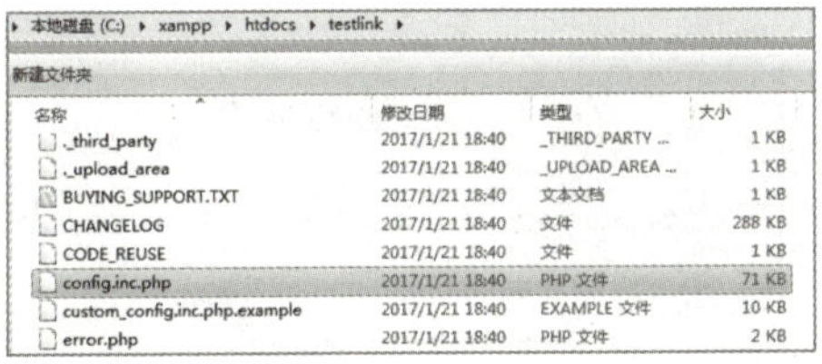

图 1-2-1-15

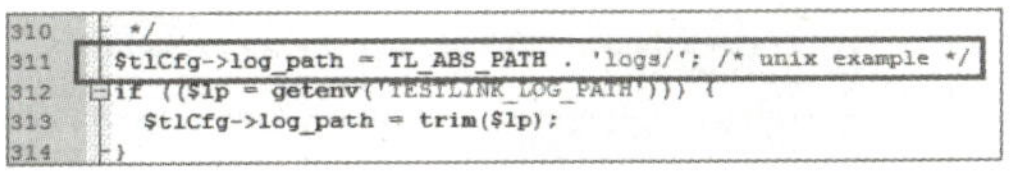

图 1-2-1-16

原代码：$g_repositoryPath = '/var/testlink/upload_area/'; /* unix example */

改为：$g_repositoryPath = TL_ABS_PATH . 'upload_area/';，如图 1–2–1–17 所示。

原代码：$tlCfg->config_check_warning_mode = 'FILE';

改为：$tlCfg->config_check_warning_mode = 'SILENT';，如图 1–2–1–18 所示。

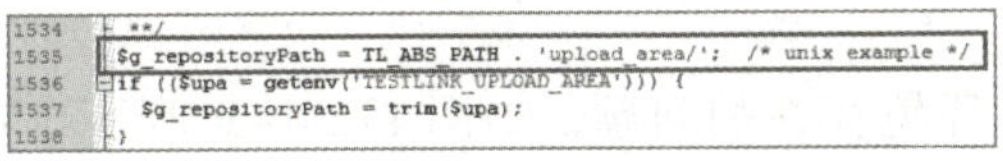

图 1-2-1-17

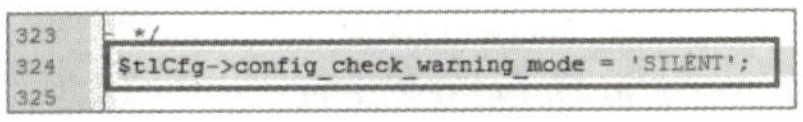

图 1-2-1-18

原代码：$tlCfg->default_language = 'en_GB';

改为：$tlCfg->default_language = 'zh_CN';，如图 1–2–1–19 所示。

在 php 目录下，用文本编辑器打开 php.ini 文件，如图 1–2–1–20 所示。

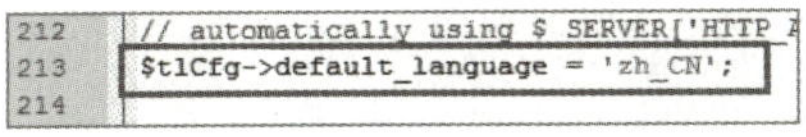

图 1-2-1-19

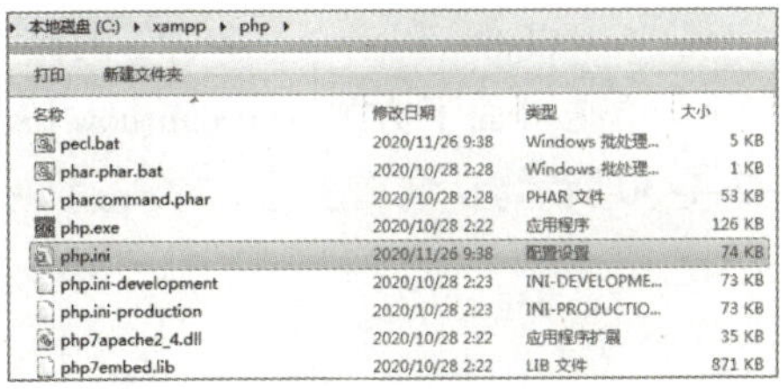

图 1-2-1-20

将 max_execution_time 的值修改为 120：max_execution_time=120，如图 1-2-1-21 所示。

将 session.gc_maxlifetime 的值修改为 2880：session.gc_maxlifetime=2880，如图 1-2-1-22 所示。

将 date.timezone=Europe/Berlin 改为 date.timezone=PRC，如图 1-2-1-23 所示。

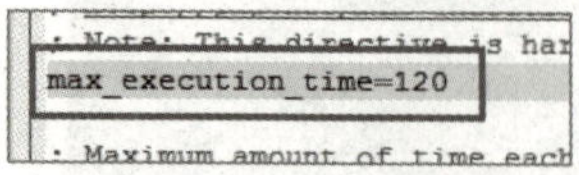

图 1-2-1-21

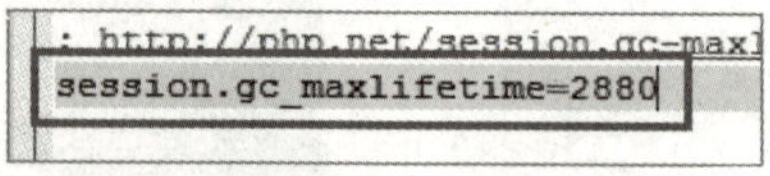

图 1-2-1-22

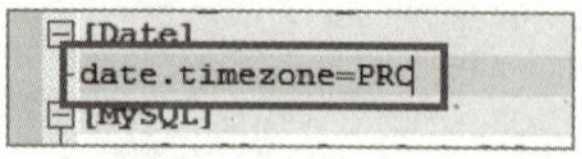

图 1-2-1-23

（3）打开浏览器，输入地址“http://IP 地址 : 端口号 /testlink”，进入 TestLink 安装页面，单击 New installation 按钮，如图 1-2-1-24 所示。

进入 License 页面，勾选 I agree to the terms set out in this license. 复选框，如图 1-2-1-25 所示，单击 Continue 按钮。

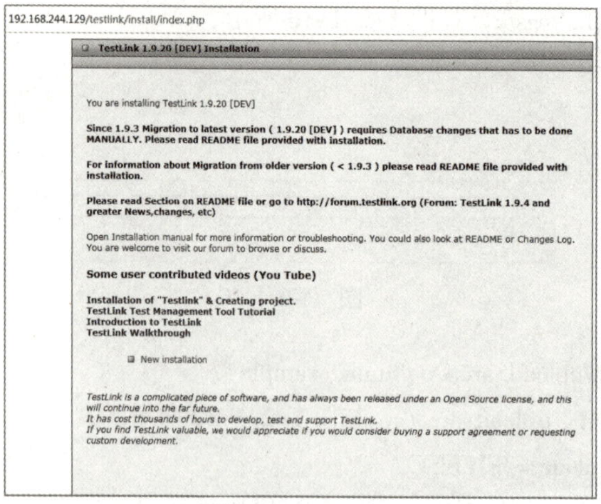

图 1-2-1-24

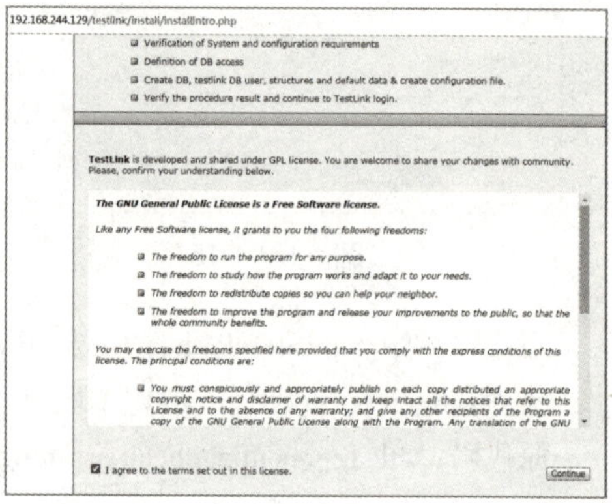

图 1-2-1-25

进入配置检测页面，页面会提示相应环境存在的问题，如图 1-2-1-26 所示，单击 Continue 按钮。

进入数据库基本信息页面，Set an existing database user with administrative rights(root) 填写 XAMPP MySQL 的 root 用户的用户名和密码。Define database User for Testlink access 自定义一个用户名和密码，如图 1-2-1-27 所示。

如图 1-2-1-28 所示，单击“Process TestLink Setup!”，开始安装 TestLink。

出现“Installation was successful!”的提示，表示 TestLink 安装成功，如图 1-2-1-29 所示。

（4）单击页面下方的 You can now log in to Testlink 链接，进入 TestLink 登录页面，如图 1-2-1-30 所示。

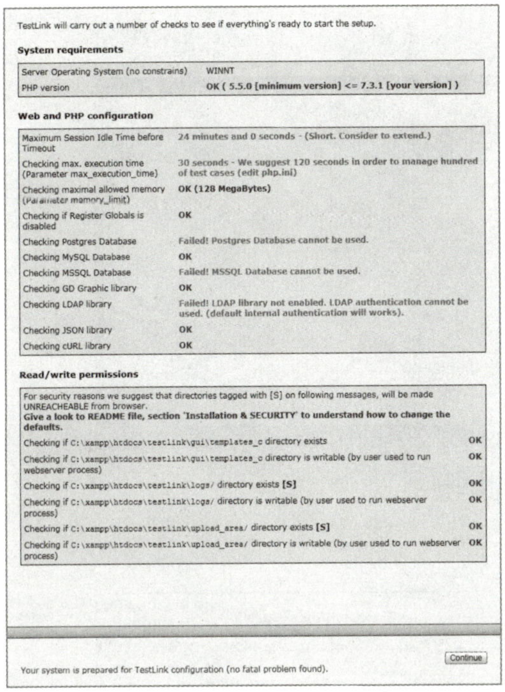

图 1-2-1-26

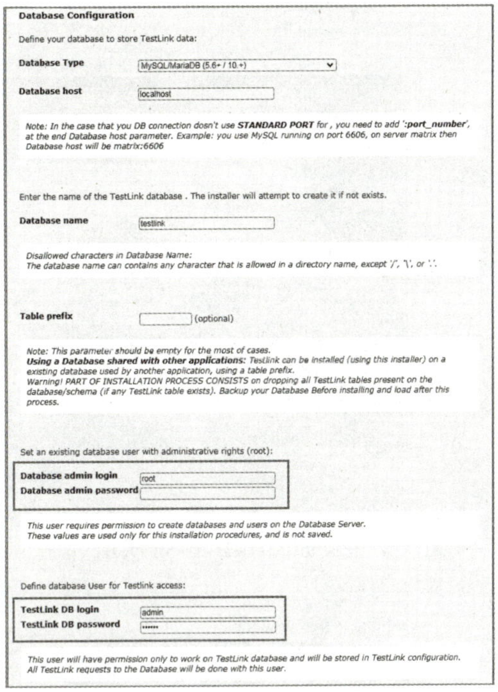

图 1-2-1-27

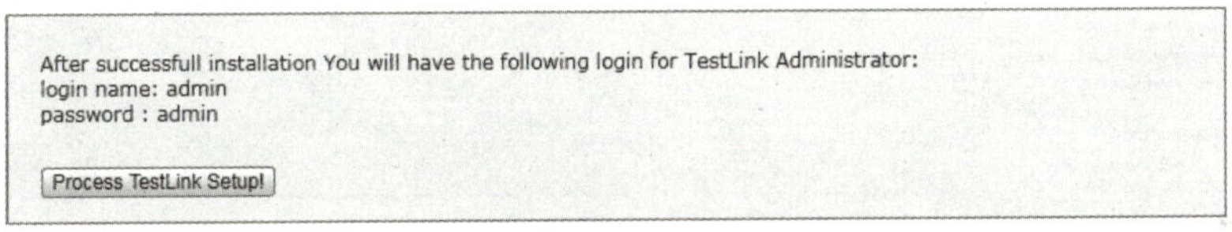

图 1-2-1-28

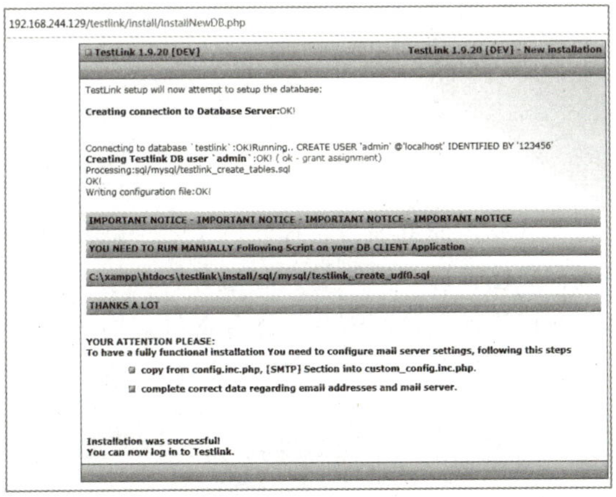

图 1-2-1-29

图 1-2-1-30

输入用户名密码 admin/admin，登录成功后，进入新建项目页面，如图 1–2–1–31 所示。

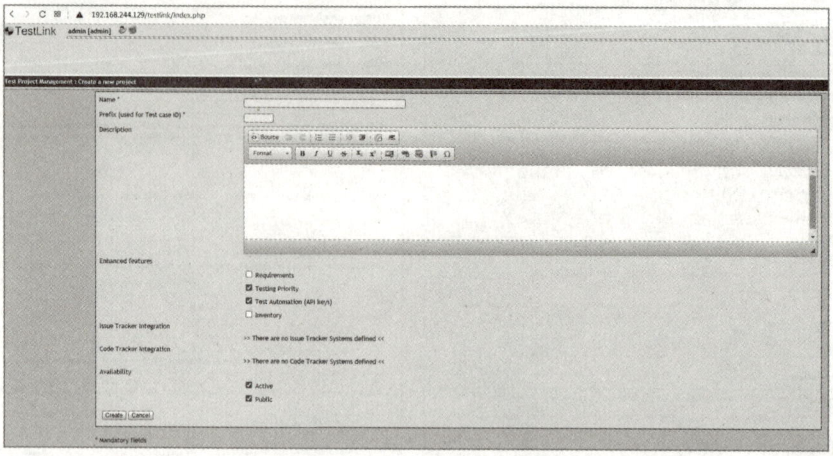

图 1-2-1-31

TestLink 主页如图 1-2-1-32 所示。

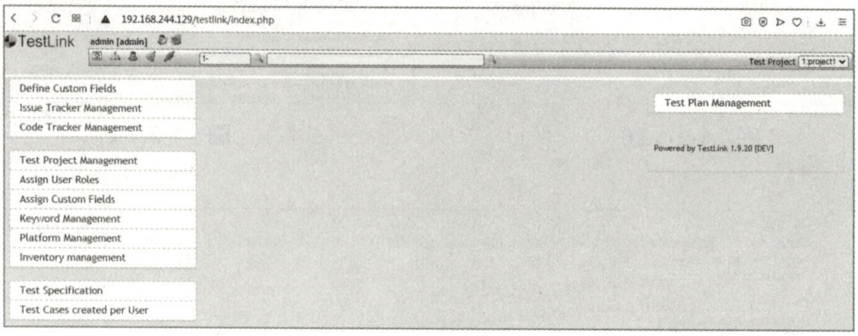

图 1-2-1-32

视频
禅道搭建

任务 2.2 禅道安装与配置

任务介绍

ZenTaoPMS（ZenTao Project Management System，禅道项目管理软件）是一款开源项目管理软件，集产品管理、项目管理、质量管理、文档管理、组织管理和事务管理于一体，是一款专业的研发项目管理软件，完整覆盖研发项目管理的核心流程。本任务针对禅道的安装与配置进行介绍。

任务目标

安装并配置禅道。

任务实施

下面开始基于 Windows 操作系统下的禅道安装与配置。

（1）禅道下载地址为 https://www.zentao.net/download/zentaopms12.4.4-80283.html，如图 1-2-2-1 所示。

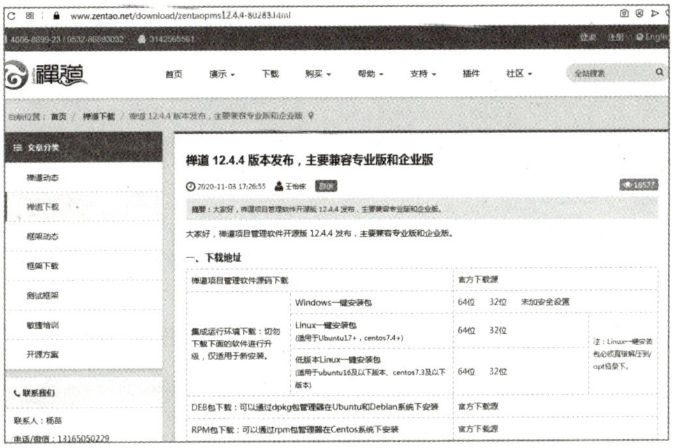

图 1-2-2-1

双击下载的安装包，如图 1-2-2-2 所示。

解压缩到某一个分区的根目录，比如 C:\xampp，或者 D:\xampp，必须是根目录，如图 1-2-2-3 所示。

图 1-2-2-2

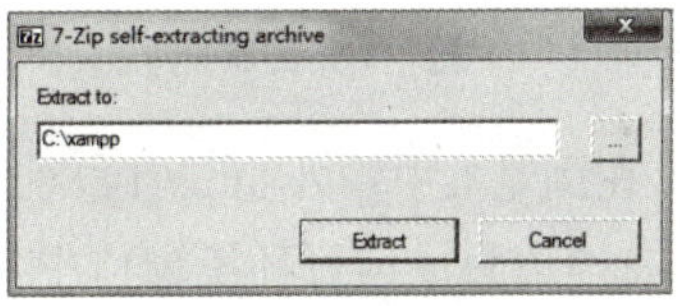

图 1-2-2-3

解压缩中页面如图 1-2-2-4 所示。

进入 xampp 文件夹，如图 1-2-2-5 所示，双击 start.exe。

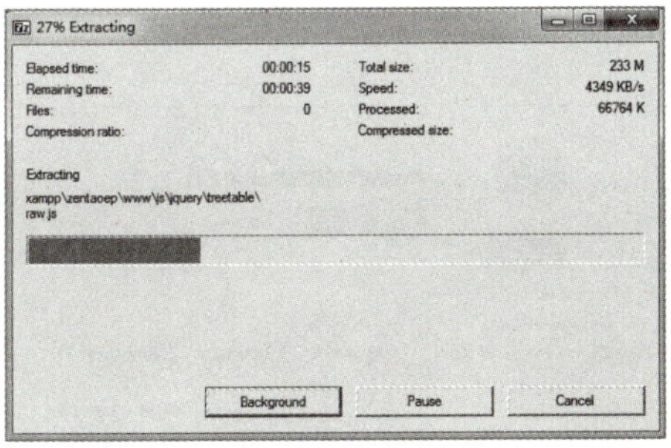

图 1-2-2-4

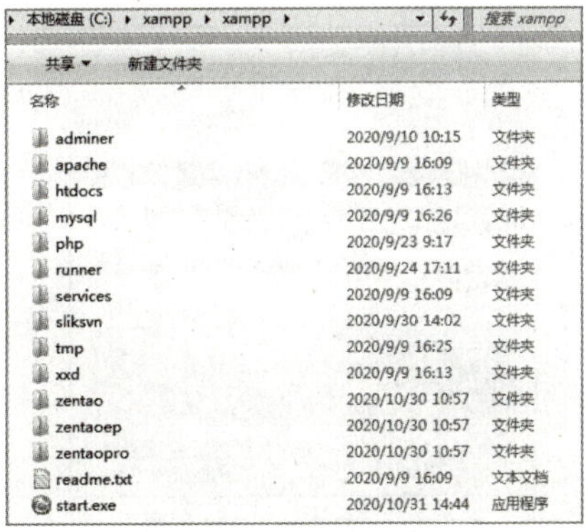

图 1-2-2-5

打开禅道集成运行环境窗口，如图 1-2-2-6 所示。

如图 1-2-2-7 所示，单击“启动禅道”按钮，启动禅道。

图 1-2-2-6

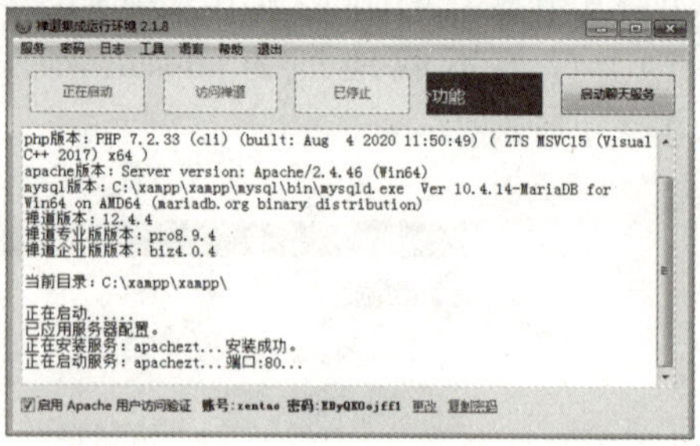

图 1-2-2-7

启动过程中，会弹出“数据库密码”对话框，可以修改数据库密码，如图 1-2-2-8 所示，单击 OK 按钮。

禅道启动成功，如图 1-2-2-9 所示。

图 1-2-2-8

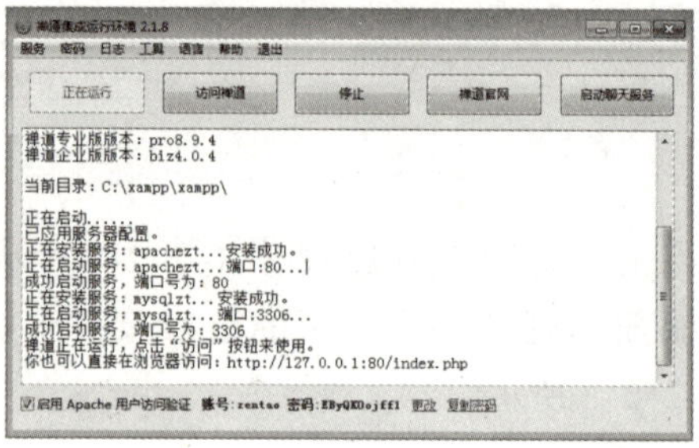

图 1-2-2-9

（2）在浏览器中输入 http://127.0.0.1:80/index.php，访问禅道。

如果在禅道集成运行环境窗口中勾选了“启用 Apache 用户访问验证”复选框，访问禅道时会弹出“Windows 安全”对话框，在“用户名”“密码”文本框中输入禅道集成运行环境窗口最下面一行显示的账号和密码，如图 1-2-2-10 所示。

Apache 用户访问验证通过后，进入欢迎页面，选择版本，这里选择“开源版”，如图 1-2-2-11 所示。

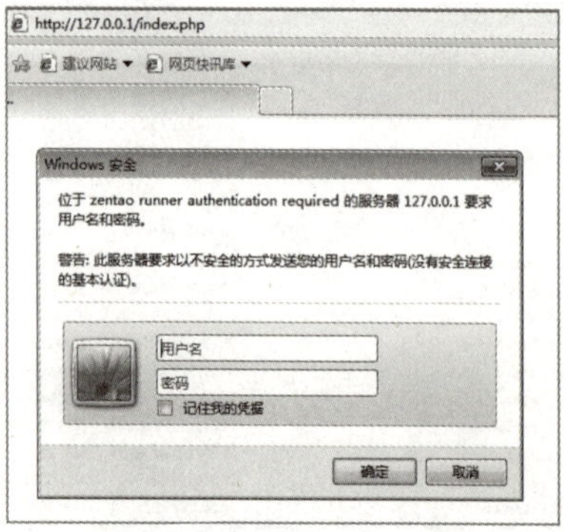

图 1-2-2-10

图 1-2-2-11

进入开源版禅道登录页面，如图 1-2-2-12 所示，禅道系统默认账号为 admin/123456。登录后，进入修改密码页面，如图 1-2-2-13 所示。

图 1-2-2-12

图 1-2-2-13

修改密码后，进入禅道系统，如图 1-2-2-14 所示。

图 1-2-2-14

模块 3 缺陷管理工具安装与配置

在实际的执行测试过程中，为更加方便、快捷地编写缺陷，更加高效地管理缺陷，需要使用缺陷管理工具辅助进行缺陷管理工作。目前行业中较为常见的有 Excel、Mantis、禅道等工具。禅道的安装与配置在上一个模块已经完毕，本模块主要针对 Mantis 的安装与配置进行介绍。

视频
Mantis搭建

任务 Mantis 安装与配置

任务介绍

Mantis 是一个基于 PHP 技术的轻量级的开源缺陷跟踪系统，以 Web 操作的形式提供项目管理及缺陷跟踪服务。为每一个项目设置不同的用户访问级别，跟踪缺陷变更历史，定制“我的视图”页面，提供全文搜索功能，内置报表生成功能，通过 E-mail 报告缺陷，用户可以监视特殊的 Bug，附件可以保存在 Web 服务器上或数据库中，自定义缺陷处理工作流。本任务针对 Mantis 的安装与配置进行介绍。

任务目标

安装并配置 Mantis。

任务实施

下面开始基于 Windows 操作系统下的 Mantis 安装与配置。

安装 Mantis，需要先下载三个软件：

- phpMyAdmin，下载地址：https://www.phpmyadmin.net/。
- mantisbt，下载地址：http://www.mantis.org.cn/。
- EasyPHP，下载地址：http://www.easyphp.org/。

下载完成后，先安装 EasyPHP。双击打开下载的 EasyPHP 安装程序，如图 1-3-1-1 所示。

图 1-3-1-1

选择安装路径，如图 1-3-1-2 所示，单击 Next 按钮。

如图 1-3-1-3 所示，直接单击 Next 按钮。

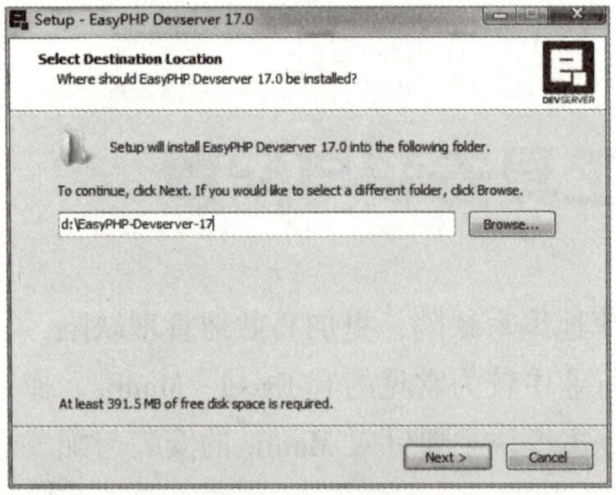

图 1-3-1-2

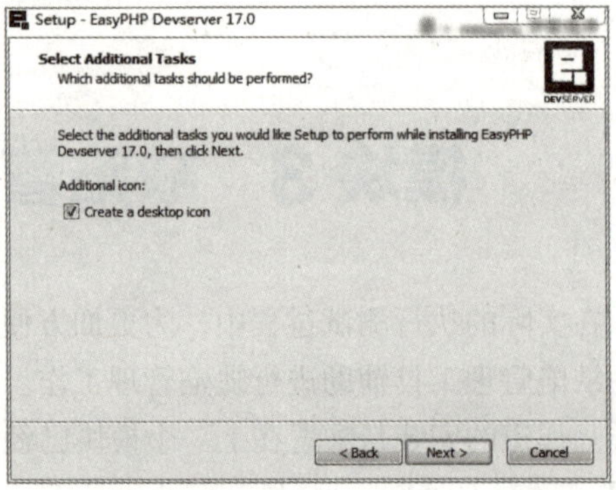

图 1-3-1-3

如图 1-3-1-4 所示，单击 Install 按钮。

EasyPHP 安装中界面如图 1-3-1-5 所示。

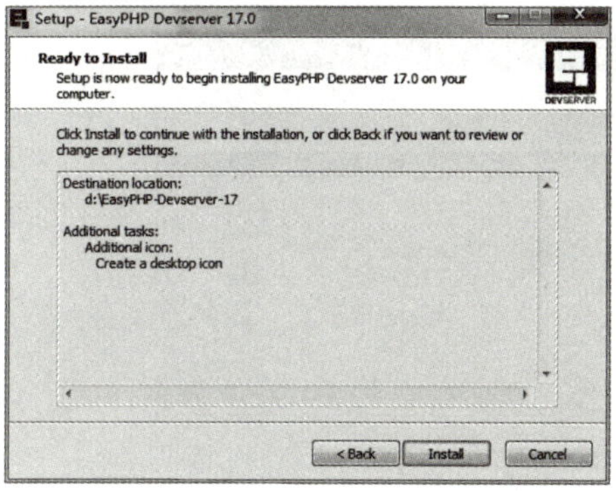

图 1-3-1-4

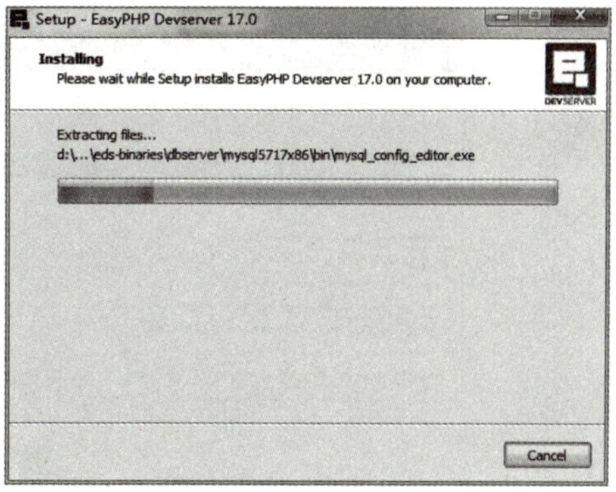

图 1-3-1-5

EasyPHP 安装完成界面如图 1-3-1-6 所示。

解压下载的 mantisbt 包和 phpMyAdmin 包，如图 1-3-1-7 所示。

图 1-3-1-6

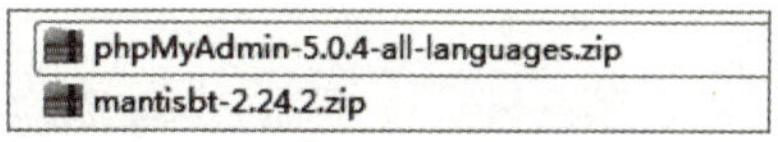

图 1-3-1-7

将解压后的文件复制到 EasyPHP 的 eds-www 目录下，如图 1-3-1-8 所示。

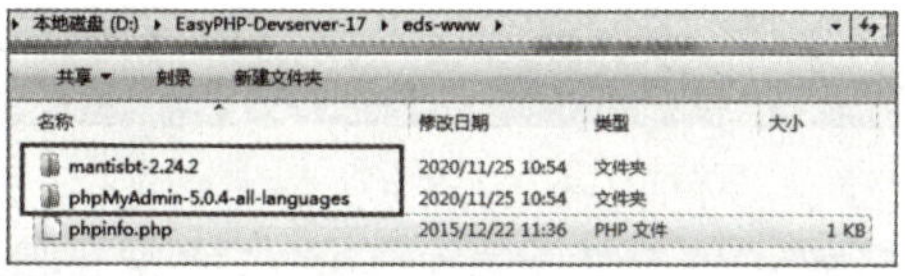

图 1-3-1-8

在浏览器中输入 http://127.0.0.1，打开图 1-3-1-9 所示页面。

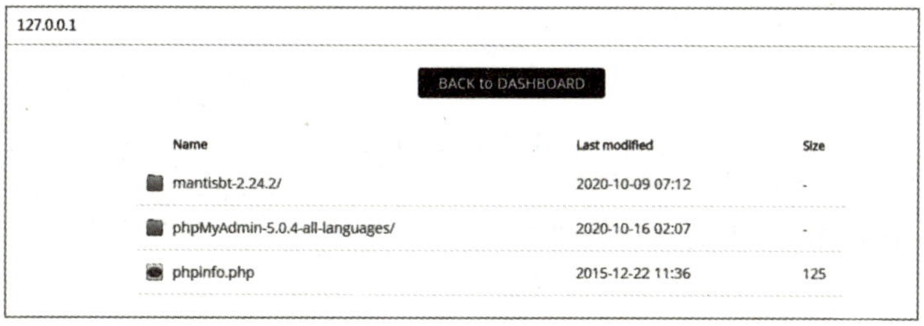

图 1-3-1-9

单击 mantisbt-2.24.2/ 链接，进入图 1-3-1-10 所示页面。

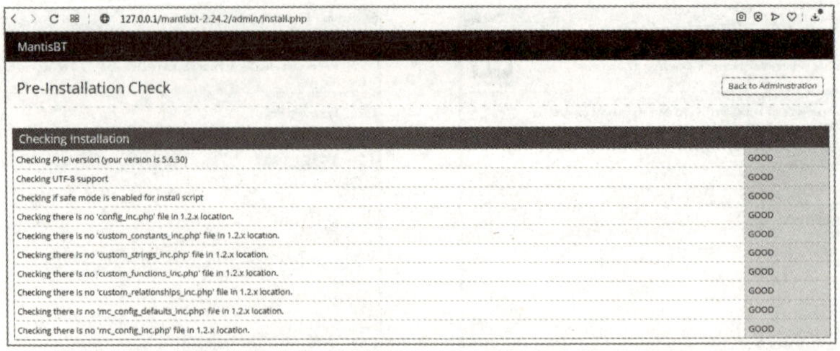

图 1-3-1-10

如图 1-3-1-11 所示，单击页面下方的 Install/Upgrade Database 按钮，安装 Mantis。

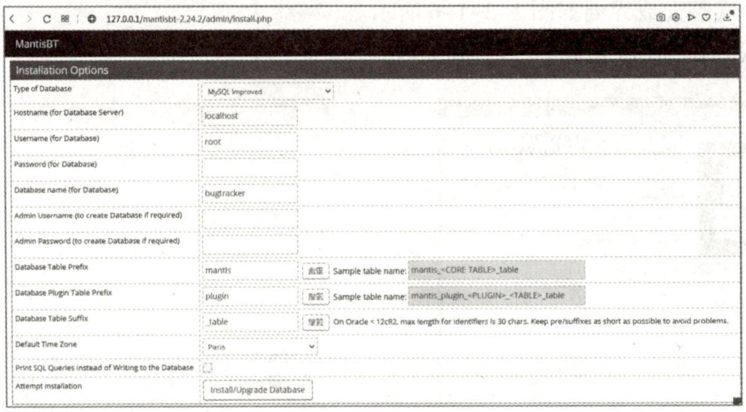

图 1-3-1-11

安装完成后页面如图 1-3-1-12 所示。

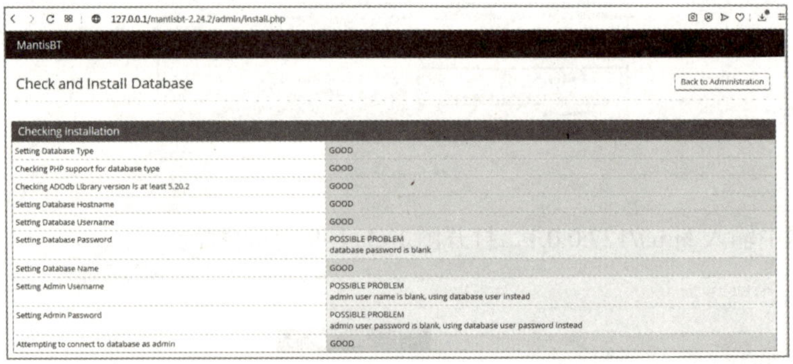

图 1-3-1-12

再次进入 http://127.0.0.1 页面，如图 1-3-1-13 所示。

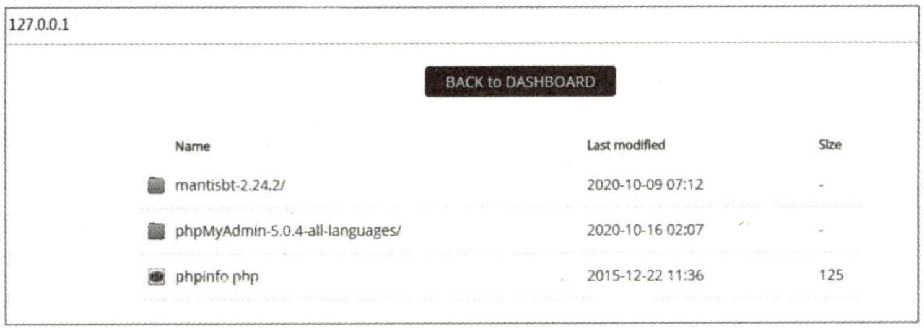

图 1-3-1-13

单击 mantisbt–2.24.2/ 链接，进入 Mantis 登录页面，如图 1–3–1–14 所示。

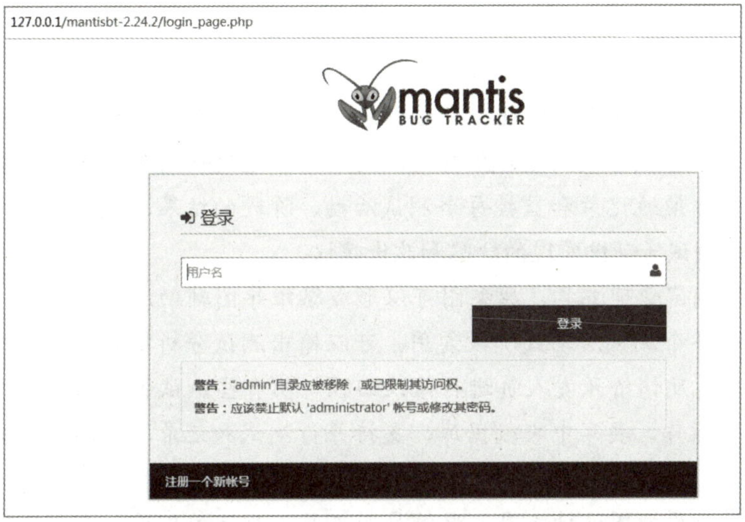

图 1-3-1-14

输入账号密码 administrator/root 登录，进入 Mantis 系统，如图 1–3–1–15 所示。

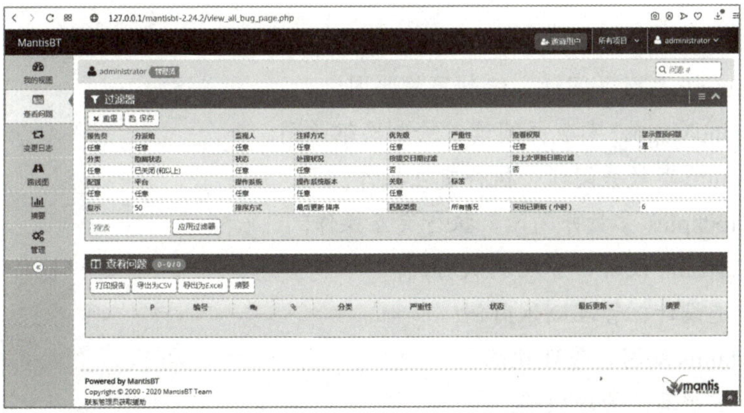

图 1-3-1-15

单元 2 工具使用与配置

测试管理工具是在指在软件开发过程中，对测试需求、计划、用例和实施过程进行管理、对软件缺陷进行跟踪处理的工具。通过使用测试管理工具，测试人员可以更方便地记录和监控每个测试活动、阶段的结果，找出软件的缺陷和错误，记录测试活动中发现的缺陷和改进建议。

通过使用测试管理工具，原型图可以形成思维导图辅助测试用例设计，测试用例可以被多个测试活动或阶段复用，可以输出测试分析报告和统计报表，Bug 可以准确地反馈给开发人员进行修改回顾，而有些测试管理工具则可以更好地支持协同操作，共享中央数据库，支持并行测试和记录，从而大大提高测试效率。

本单元针对原型图设计工具、思维导图工具、测试用例设计工具、缺陷管理工具等方面进行介绍，使读者掌握测试工具的使用，提高测试过程中的效率和质量。

学习目标

- 配置 Xmind 参数并阅读、绘制思维导图；
- 配置 MindMapper 参数并阅读、绘制思维导图；
- 配置 Axure 参数并阅读、执行交互操作；
- 配置 Mockplus 参数并阅读、执行交互操作；
- 使用 TestLink 设计、管理测试用例；
- 使用禅道设计、管理测试用例；
- 使用 Mantis 编写、管理缺陷；
- 使用禅道编写、管理缺陷。

模块 1 思维导图工具使用与配置

思维导图又称心智导图，是表达发散性思维的有效图形思维工具。它简单却又很有效，是一种革命性的思维工具，能有层次感地展示大脑的想法。

对于测试人员而言，当原型图或需求说明书摆在眼前时，可能会被复杂烦琐的逻辑规则所迷惑，通过思维导图工具，将 UI+ 文字的需求转化为思维导图，有助于梳理逻辑规则，为测试用例设计打好基础。

本模块针对思维导图工具 XMind、MindMapper 的使用与配置进行介绍。

任务 1.1 XMind 使用与配置

任务介绍

XMind 是一款实用的商业思维导图软件，应用全球先进的 Eclipse RCP 软件架构。XMind 采用 Java 语言开发，具备跨平台运行的性质，且基于 EclipseRCP 体系结构，可支持插件，插件通过编写 XML 清单文件可以扩展系统定义好的扩展点。本任务针对 XMind 的使用与配置进行介绍。

任务目标

掌握 XMind 页面元素，绘制思维导图。

任务实施

下面开始 XMind 的使用与配置。

1. XMind 界面介绍

双击 XMind 软件图标打开软件，单击思维导图（见图 2-1-1-1），在弹出的“选择风格”对话框单击最右侧的滚动条寻找合适的样式，选择想要的风格样式，单击“新建”按钮，如图 2-1-1-2 所示。

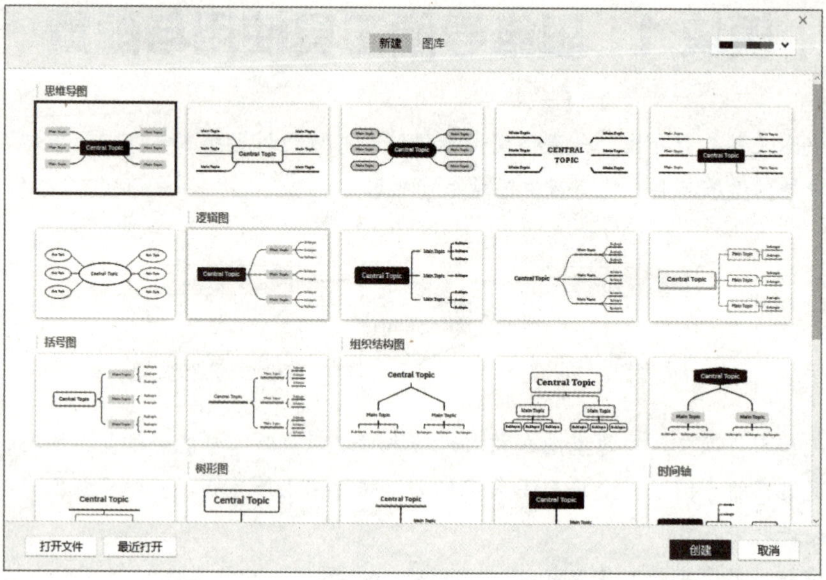

图 2-1-1-1

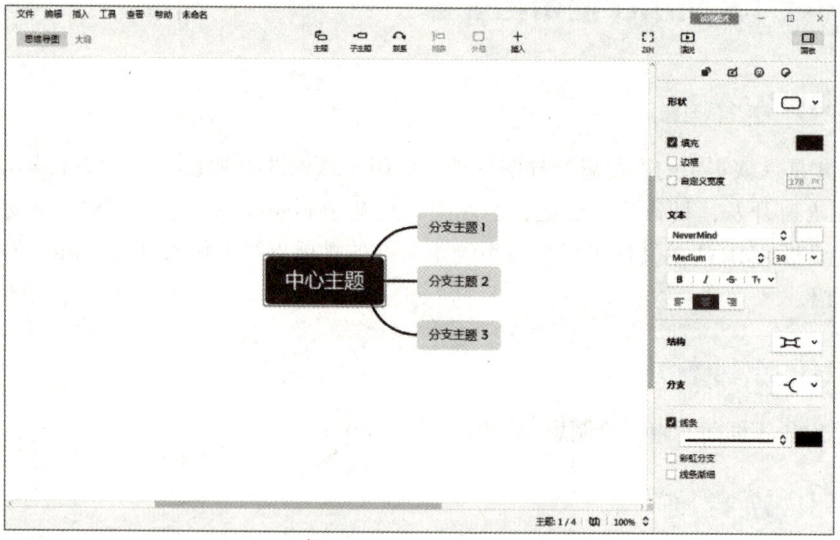

图 2-1-1-2

- 菜单栏：所有命令都可以在这里找到。
- 属性设置区：XMind 允许设置背景的颜色、自定义墙纸、设置线条等。
- 常用命令区：平时绘制思维导图用到的连接、批注、图片等。
- 大纲预览区：整个思维导图的结构都将会以目录大纲的方式呈现。

2. XMind 新建操作

双击中心主题，使之处于编辑状态，然后输入内容“WEB 应用软件测试”，并按【Enter】键保存，如图 2-1-1-3 所示。

图 2-1-1-3

选中中心主题，按【Tab】键创建一个子主题，直接输入内容“分支主题 1”，按【Enter】键保存，如图 2–1–1–4 所示。

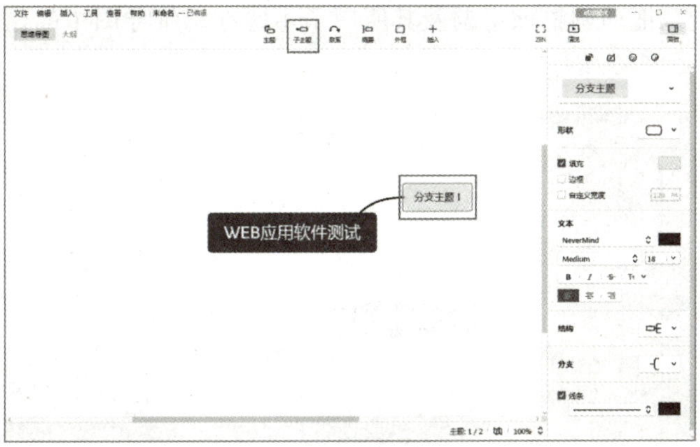

图 2-1-1-4

选中“分支主题 1”，按【Enter】键创建平级的主题，输入内容“分支主题 2”，如图 2–1–1–5 所示。

选中“分支主题 2”，按【Tab】键创建子主题，输入内容“子主题 1”，如图 2–1–1–6 所示。

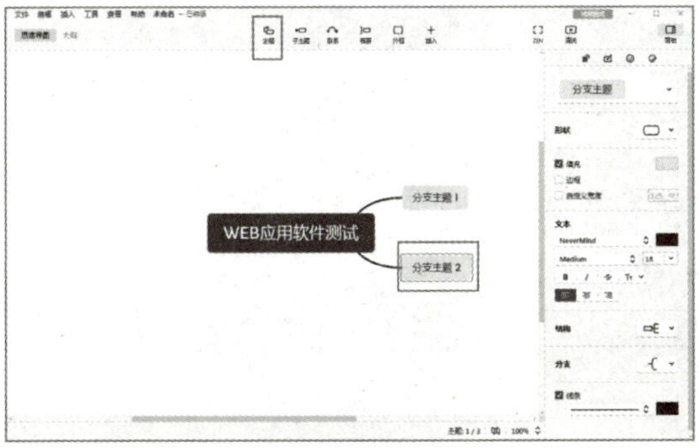

图 2-1-1-5

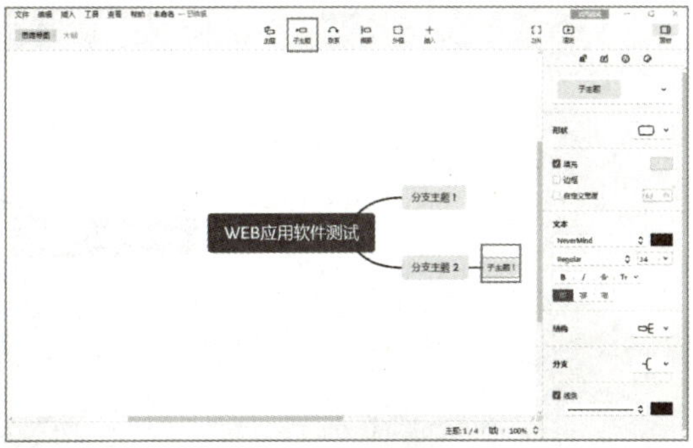

图 2-1-1-6

3. XMind 调整操作

选择任意主题（中心主题除外），按【Delete】键删除该主题及其所属的所有子主题，如图 2-1-1-7 所示。

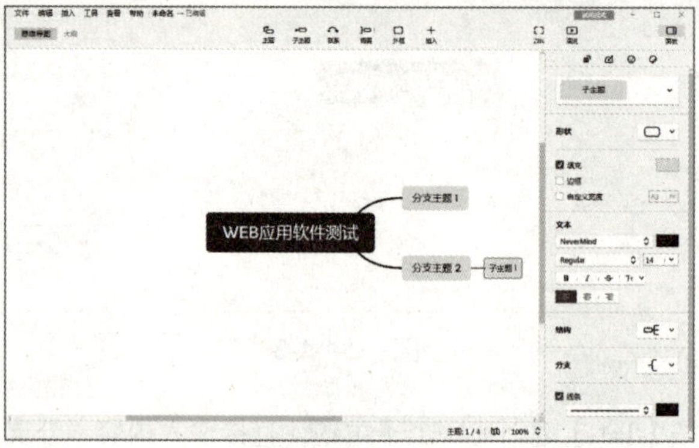

图 2-1-1-7

选择任意主题，拖动调整该主题及其所属子主题在思维导图中的位置，如图 2-1-1-8 所示。

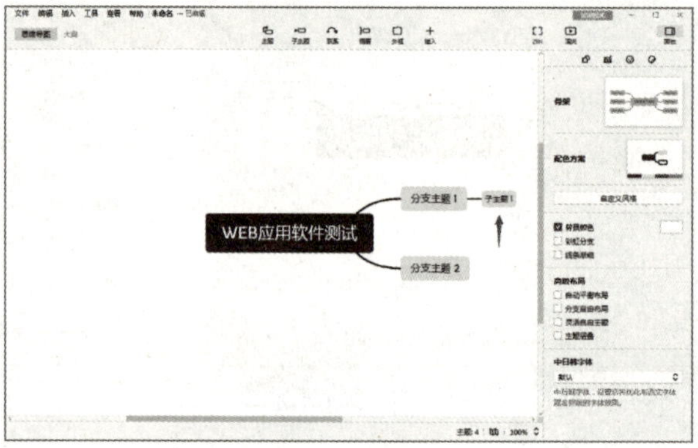

图 2-1-1-8

选中任意一个或者多个子主题，按【Ctrl+Enter】组合键创建父主题，如图 2-1-1-9 所示。

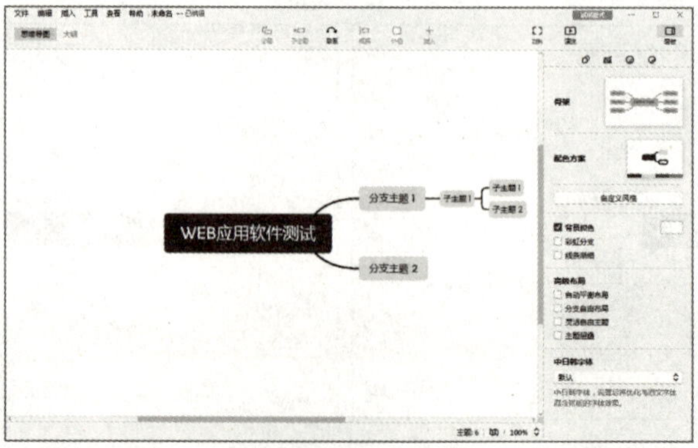

图 2-1-1-9

选择任意一个或者多个主题，进行拖动将其放到其他主题之下，如图 2-1-1-10 所示。

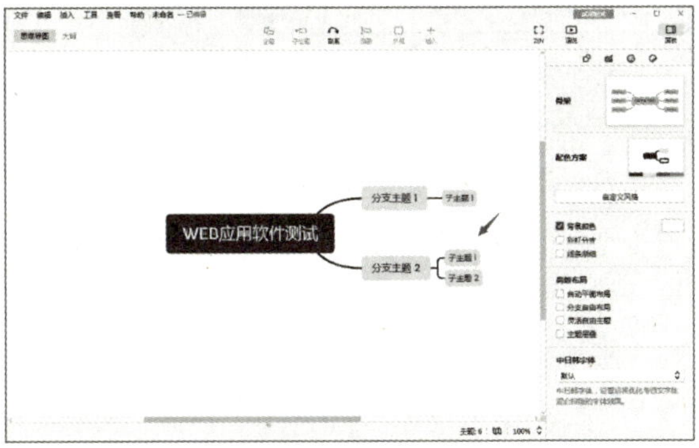

图 2-1-1-10

任务 1.2 MindMapper 使用与配置

任务介绍

MindMapper 是一款专业的可视化概念图，用于信息管理和处理工作流程，可以通过智能绘图方法使用该软件的节点和分支系统，把琐碎的想法贯穿起来，帮助整理思路，最终形成条理清晰、逻辑性强的成熟思维模式。本任务针对 MindMapper 的使用与配置进行介绍。

任务目标

掌握 MindMapper 页面元素，绘制思维导图。

任务实施

下面开始 MindMapper 的使用与配置。

1. MindMapper 界面介绍

MindMapper 主要操作区域如图 2-1-2-1 所示。

2. MindMapper 创建树状图

在 MindMapper 中有两种创建树状图的方式，分别是样式创建和模板创建。创建的方法都是通过单击左上角的"新建"按钮获取导图构建选项，然后在右边的新建选项列表中选择"样式"或者"模板"。

选择 MindMapper 里难度更低的"模板"创建方式来制作树状思维导图。单击"模板"按钮后，找到一个类似树状的图表，单击右边的"新建"按钮即可创建树状思维导图，如图 2-1-2-2 所示。

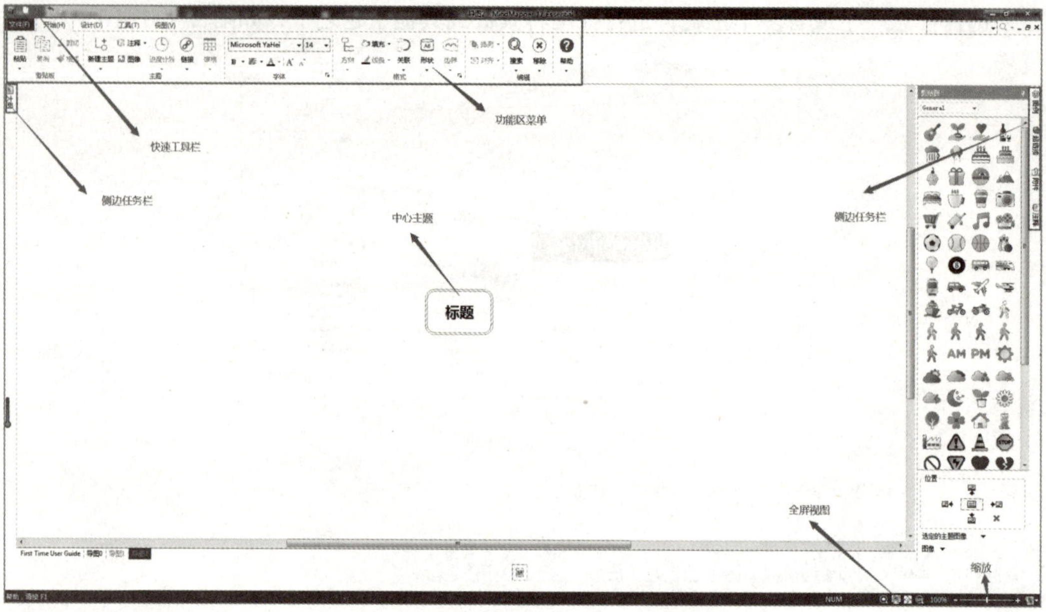

图 2-1-2-1

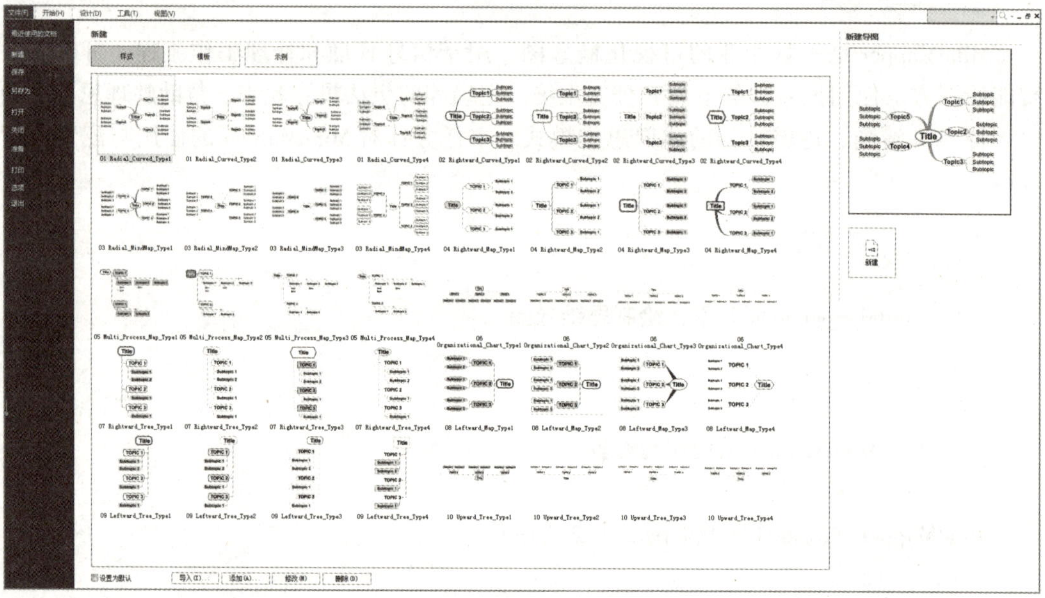

图 2-1-2-2

3. MindMapper 调整主体分支

在 MindMapper 创建完树状思维导图后，在操作界面中可以看到完整的树状思维导图。基于这个完整的树状图，根据具体的需要调整主体分支。如果需要删除多余的主体分支，只要选中分支，然后按【Delete】键即可。如果需要添加主体分支，可以单击左上角的“新建主题”按钮，添加子主题、多个子主题、空白主题等，如图 2-1-2-3 所示。

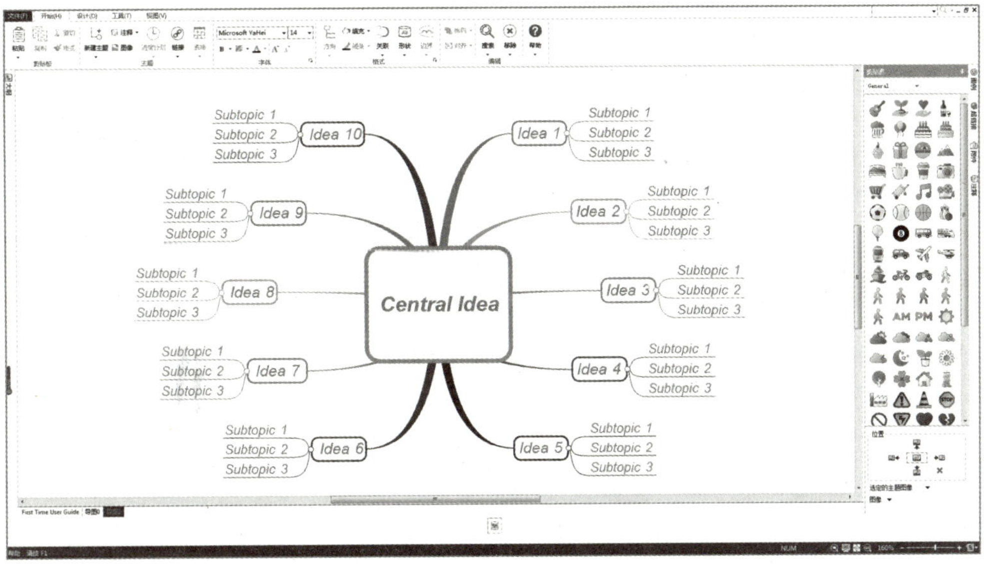

图 2-1-2-3

4. MindMapper 添加内容与信息

在 MindMapper 里，直接单击主题就可以进行内容的输入和修改。可以直接拖动添加右边的剪贴画代替文字，给图表增加趣味性，如图 2-1-2-4 所示。

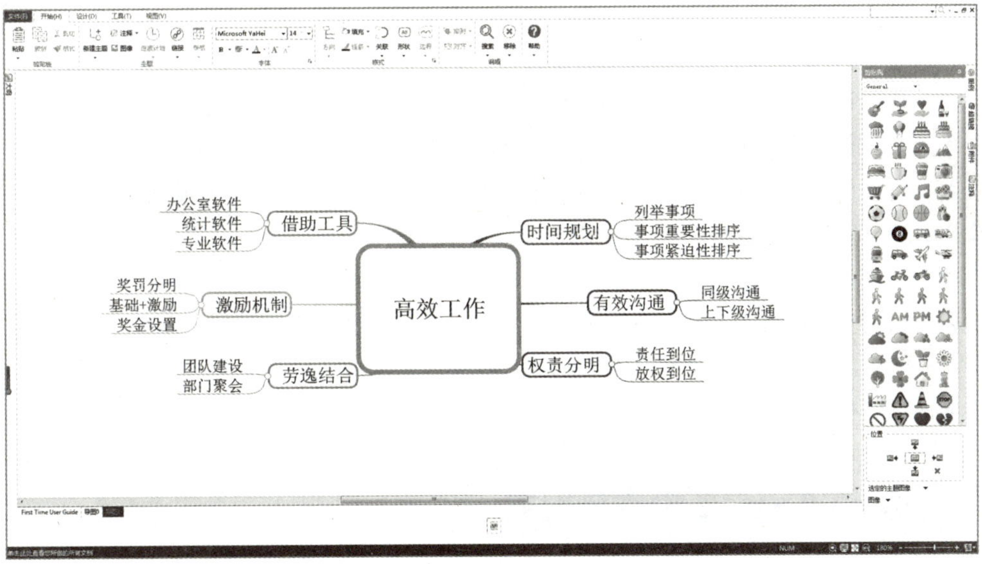

图 2-1-2-4

5. MindMapper 调整格式

如果想修改模板的格式，可以通过单击 MindMapper 中的“形状”“线条”等格式选项对选中的主题进行修改，例如，将“高效工作”方框格式更改为立体圆柱格式，如图 2-1-2-5 所示。

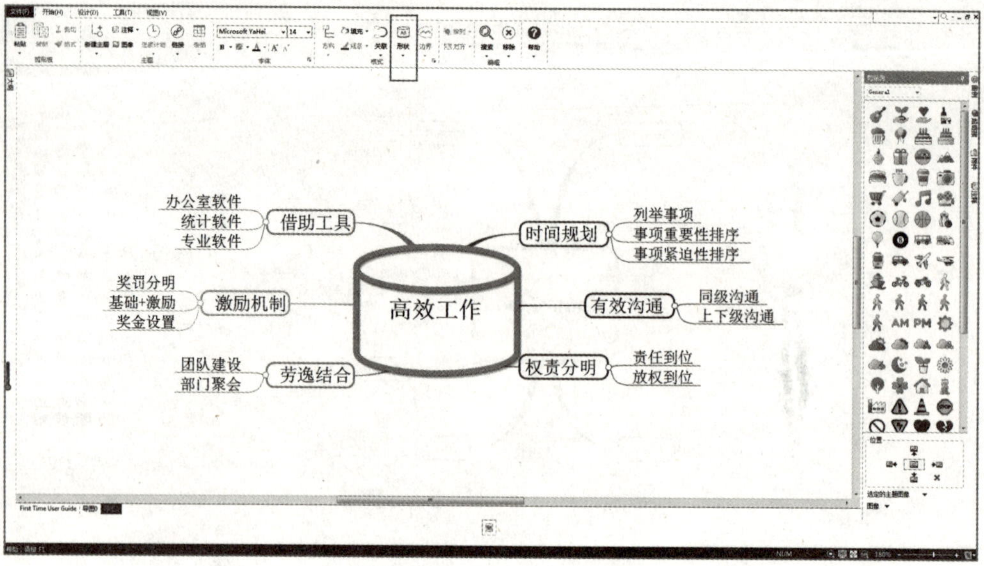

图 2-1-2-5

模块 2 原型图设计工具使用与配置

原型图是一种动态模拟软件最终形态的图，是产品设计成形之前的一个简单框架，对网站来讲，就是将页面模块、元素进行粗放式的排版和布局，还可以加入一些交互性的元素，使其更加具体、形象和生动。原型图主要用于和目标客户确认软件的最终呈现效果。原型图可以生动地展示最终效果并支持初步的模拟操作和测试，因此，可以用于验证软件设计理念，以及接收修改意见和设计缺陷反馈。

对于测试人员，原型图是开展需求分析、测试用例编写的必要条件，可以从原型快速了解产品的核心功能和页面大致展现形式，方便测试人员提早了解需求、评估需求、制订测试计划、分配测试任务，能够更好地帮助测试人员展开测试工作。

本模块针对原型图设计工具 Axure、Mockpuls 的使用与配置进行介绍。

任务 2.1 Axure 使用与配置

任务介绍

Axure RP 是一款专业的快速原型设计工具，用于帮助负责定义需求和规格、设计功能和界面的专家快速创建应用软件或 Web 网站的线框图、流程图、原型和规格说明文档。本任务针对 Axure 的使用与配置进行介绍。

任务目标

掌握 Axure 页面元素，阅读原型图。

任务实施

下面开始 Axure 的使用与配置。

1. Axure 界面

Axure 页面元素如图 2-2-1-1 所示。

图 2-2-1-1

（1）菜单栏：

• 从 RP 文件导入、备份与恢复；

• 重置视图；

• 全局变量：在应用到 Axure 函数功能时，经常会用到全局变量；

• 预览、生成页面功能，查看页面效果与生成 HTML 文件。

（2）工具栏：

• 工具栏可以在菜单栏中自定义显示的工具；

• 各种快捷键使用；

• 工具栏中的字体样式区。

（3）站点地图：此区域将显示制作的所有页面，双击即可打开对应的页面进行编辑。

（4）元件库：Axure 页面都是由一个一个的元件组合而成的，元件也称组件、部件，在这里可以定义元件库，便于各个项目中使用。

（5）母版栏：存放建立的所有母版，只要有相同的内容都可以生成母版。

（6）交互栏：

- 配置页面跳转、页面效果等事件；
- 配置元件或组件的颜色、透明度等样式；
- 为组件增加备注。

（7）页面概要栏：显示当前页面的所元件或组件信息，越靠上的层级越高。

2. Axure 预览操作

在菜单栏中选择 Publish →“预览”命令，自动生成 HTML 可视化原型图，如图 2-2-1-2 和图 2-2-1-3 所示。

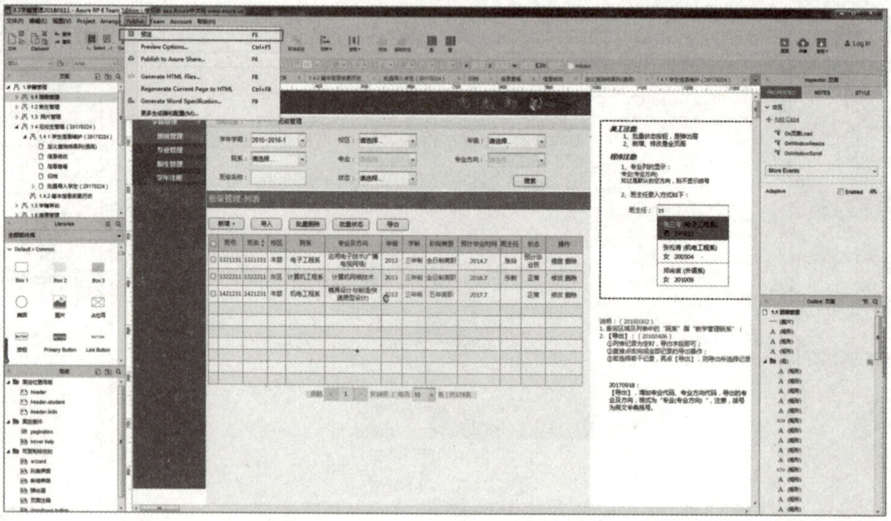

图 2-2-1-2

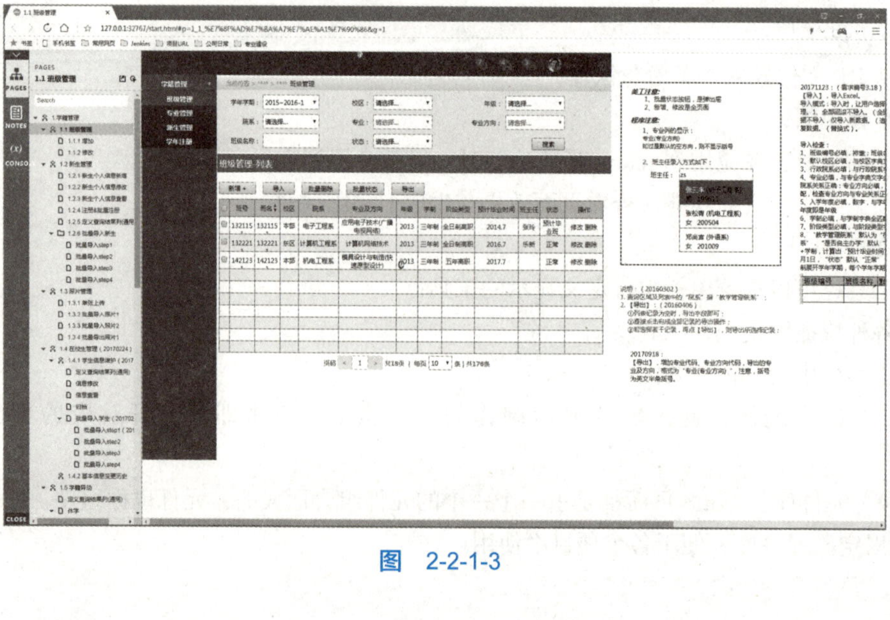

图 2-2-1-3

任务 2.2 Mockplus 使用与配置

任务介绍

Mockplus 是一款简洁快速的原型图设计工具，适合在软件开发的设计阶段使用，其低保真、无须学习、快速上手、功能够用。本任务针对 Mockplus 的使用与配置进行介绍。

任务目标

掌握 Mockplus 页面元素，阅读原型图。

任务实施

下面开始 Mockplus 的使用与配置。

1. Mockplus 界面介绍

Mockplus 页面元素如图 2-2-2-1 和图 2-2-2-2 所示。

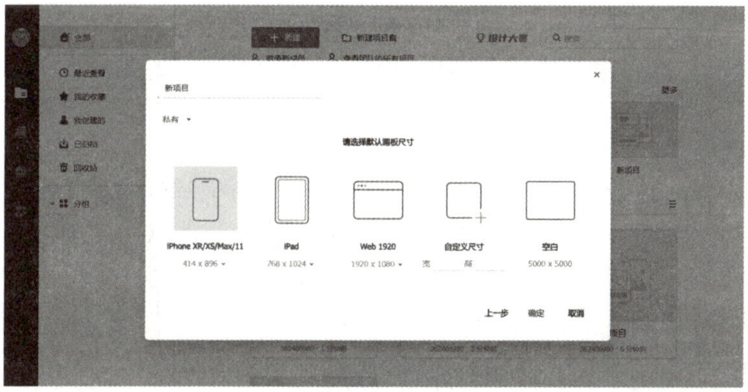

图 2-2-2-1

图 2-2-2-2

2. Mockplus 预览操作

单击右上角的“预览”按钮（快捷键为【Ctrl+P】），自动生成 HTML 可视化原型图，如图 2-2-2-3 所示。

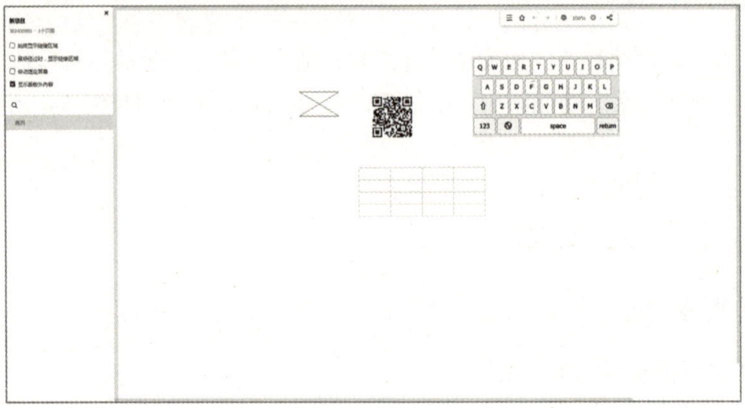

图 2-2-2-3

模块 3 测试用例设计工具使用与配置

测试管理工具用于对软件的整个测试输入、执行过程和测试结果进行管理，可以提高回归测试的效率，大幅提升测试时间、测试质量、用例复用、需求覆盖等。

本模块针对测试用例设计工具 TestLink、禅道的使用与配置进行介绍。

任务 3.1 TestLink 使用与配置

任务介绍

TestLink 是 Sourceforge 的开放源代码项目之一，是基于 PHP 开发的、Web 方式的测试管理系统，其功能可以分为管理和计划执行两部分。

TestLink 用于进行测试过程中的管理，通过使用 TestLink 提供的功能，可以实现测试过程从测试需求、测试设计到测试执行的完整管理。同时，它还提供多种测试结果的统计和分析，能够简单地开始测试工作和分析测试结果。本任务针对 TestLink 的使用与配置进行介绍。

任务目标

掌握 TestLink 页面元素，设计并管理测试用例。

任务实施

下面开始 TestLink 的使用与配置。

1. 测试用例管理

TestLink 支持的测试用例的管理包含新建测试用例集、创建测试用例两层。

1）创建测试用例集

单击主页上的“测试用例”→“新建测试用例集”菜单，编写测试用例，如图 2-3-1-1 所示。

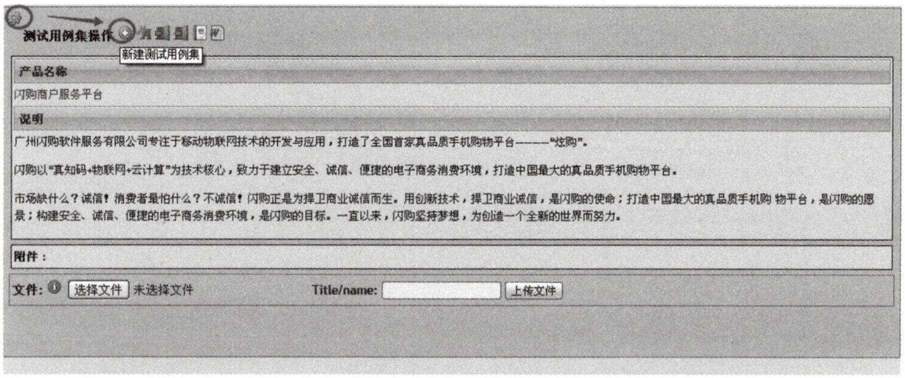

图 2-3-1-1

单击“创建测试用例集”按钮，创建组件，如图 2-3-1-2 所示。

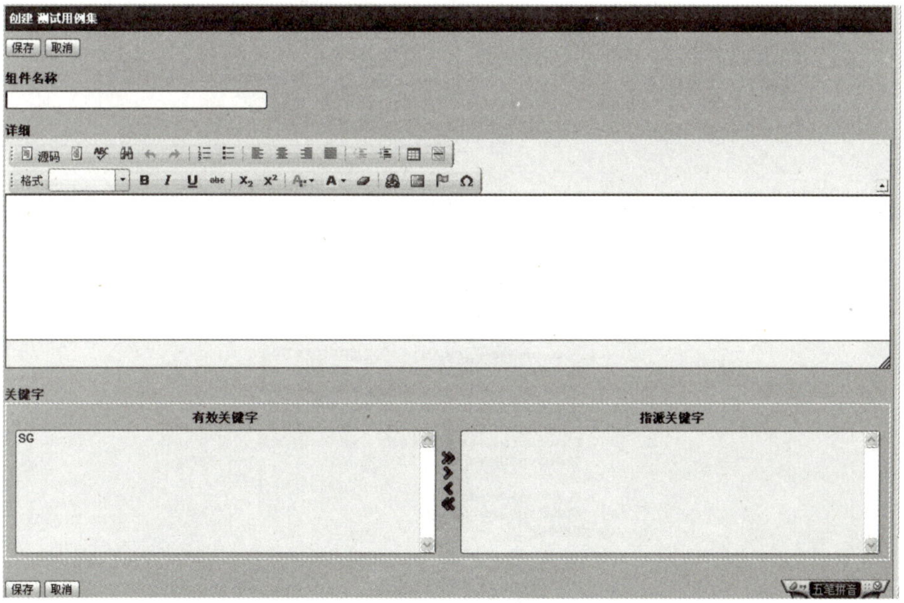

图 2-3-1-2

2）创建测试用例

选择创建好的测试用例集，单击该页面右侧的“创建测试用例”按钮，新建测试用例，如图 2–3–1–3 和图 2–3–1–4 所示。

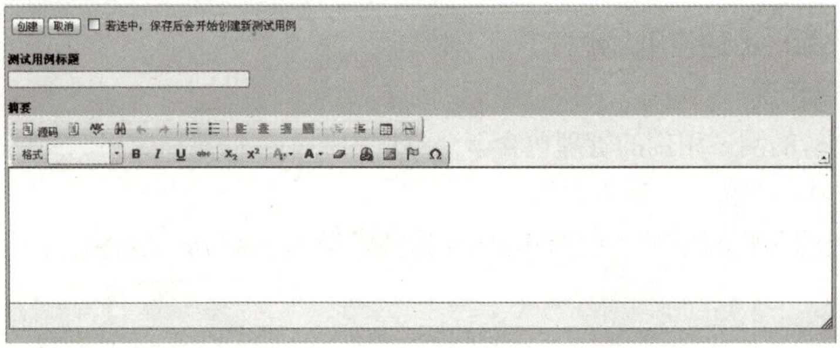

图 2-3-1-3

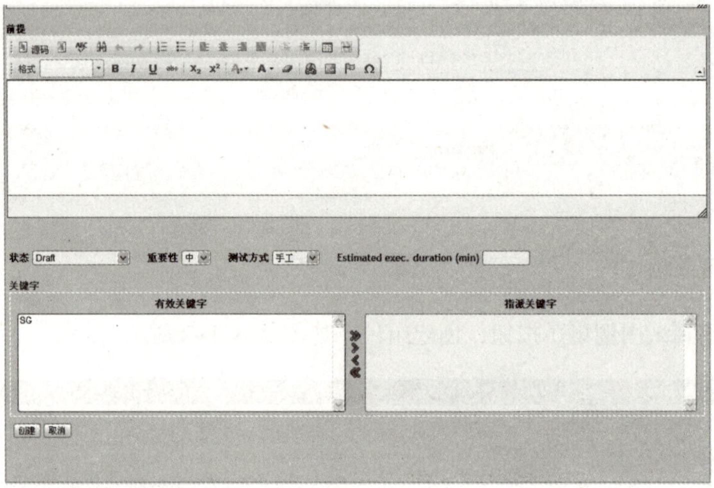

图 2-3-1-4

完成上述操作之后，查看创建好的测试用例树，如图 2–3–1–5 所示。

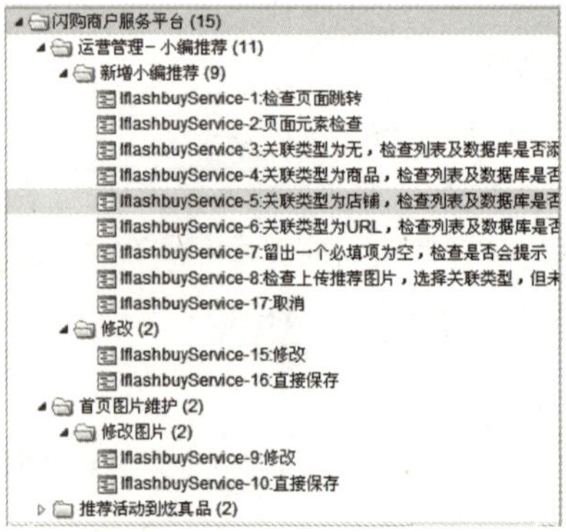

图 2-3-1-5

3）建立测试用例和测试需求的覆盖关系

单击主页“产品需求”模块下的“指派产品需求”菜单，进入需求指派页面，选中左侧用例树中的测试用例，再选择右侧对应的测试需求，进行指派即可，如图 2–3–1–6 所示。

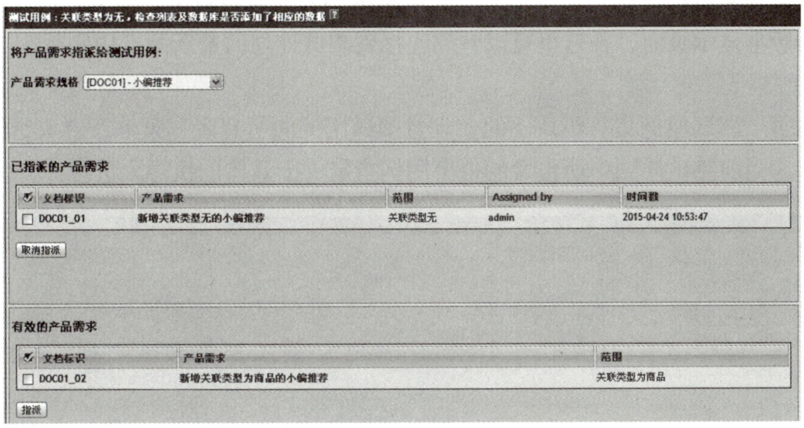

图 2-3-1-6

完成上述操作之后，查看已经指派的测试用例，如图 2–3–1–7 所示。

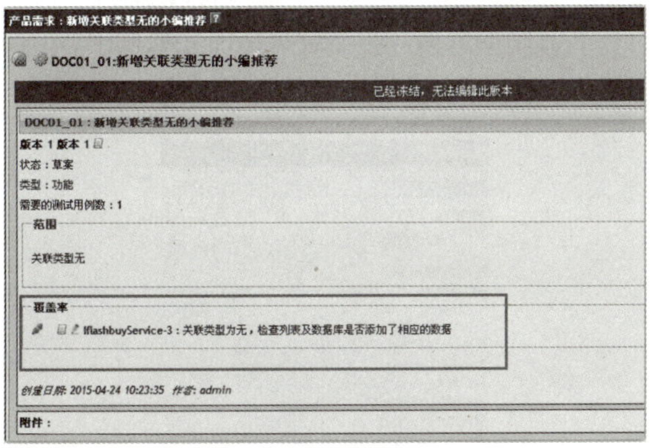

图 2-3-1-7

完成上述操作之后，查看产品需求概览，如图 2–3–1–8 所示。

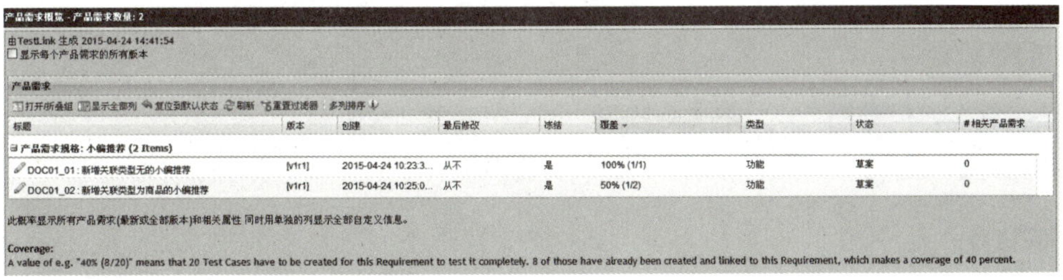

图 2-3-1-8

2. 测试用例集管理

测试用例准备好之后，可以对测试用例集进行相关操作，如图 2–3–1–9 所示。

1）显示最新的测试用例版本

单击主页“测试用例集”模块下的“显示测试用例的最新版本”菜单，进入连接到测试用例的最新版本显示页面，在这里可以看到连接到测试计划的最新测试用例版本。

2）指派执行测试用例

单击主页“测试用例集”模块下的“设置测试用例的所有者”菜单，进入指派测试用例页面，可以为当前测试计划中所包含的每个用例指定一个具体的执行人员。

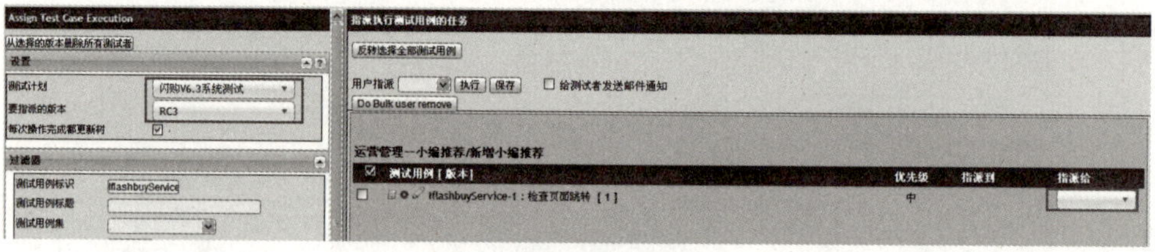

图 2-3-1-9

3. 测试结果分析

TestLink 根据测试过程中记录的数据，提供丰富的度量统计功能，可以直观地得到测试管理过程中需要进行分析和总结的数据。单击首页横向导航栏中的“测试结果”菜单，即可进入测试结果报告页面，如图 2-3-1-10 所示。

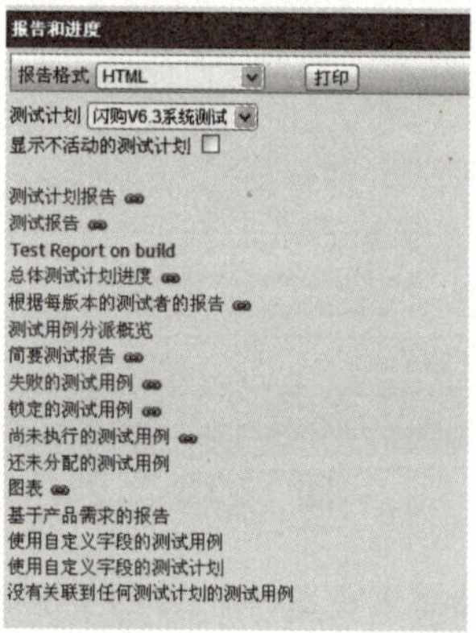

图 2-3-1-10

任务 3.2 禅道使用与配置

任务介绍

ZenTaoPMS（ZenTao Project Management System，禅道项目管理软件）是一款开源项目管理软件，集产品管理、项目管理、质量管理、文档管理、组织管理和事务管理于一体，是一款专业的研发项目管理软件，完整覆盖研发项目管理的核心流程。禅道可以支持 Bug 维护、测试用例维护、报表等。本任务针对禅道在测试用例设计功能的使用与配置进行介绍。

任务目标

掌握禅道页面元素，设计并管理测试用例。

任务实施

下面开始禅道的使用与配置。

1. 维护测试用例视图

在禅道中，测试用例需要维护模块，以便更好地组织管理用例。

进入测试视图，然后选择用例，在页面的左侧，会出现该产品的用例模块列表，模块列表的下部有模块维护的链接，单击此链接即可维护模块，如图 2-3-2-1 和图 2-3-2-2 所示。

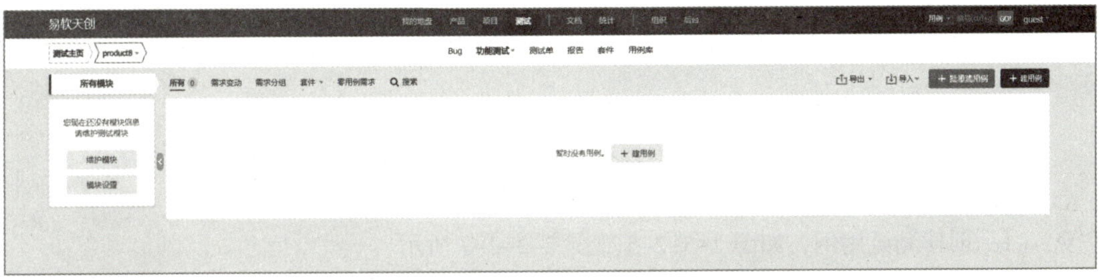

图 2-3-2-1

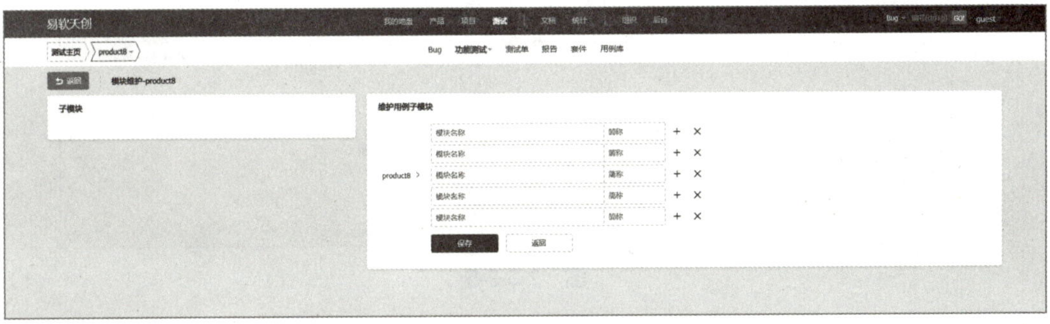

图 2-3-2-2

维护模块时是逐级进行维护的，比如可以选择“产品”，然后维护它的子模块，单击“排序”拖动移动，可以调整它在模块树中的位置，可以选择某一个模块编辑，编辑时可以修改它所属的上级模块，以及这个模块的默认负责人。

2. 创建测试用例

禅道中的每一个测试用例都由若干步骤组成，每一个步骤都可以设置自己的预期值，如图 2-3-2-3 和图 2-3-2-4 所示。

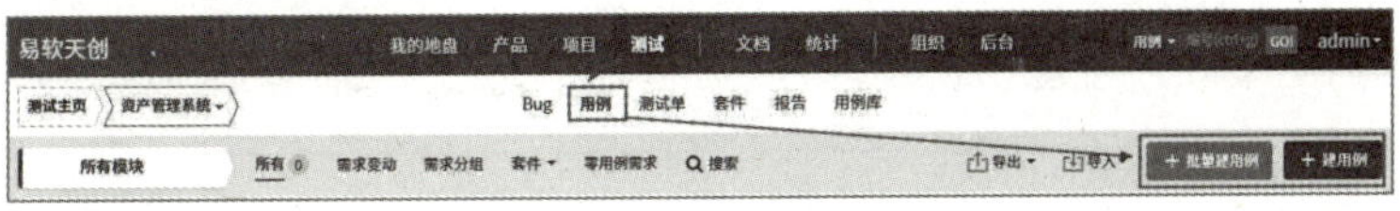

图 2-3-2-3

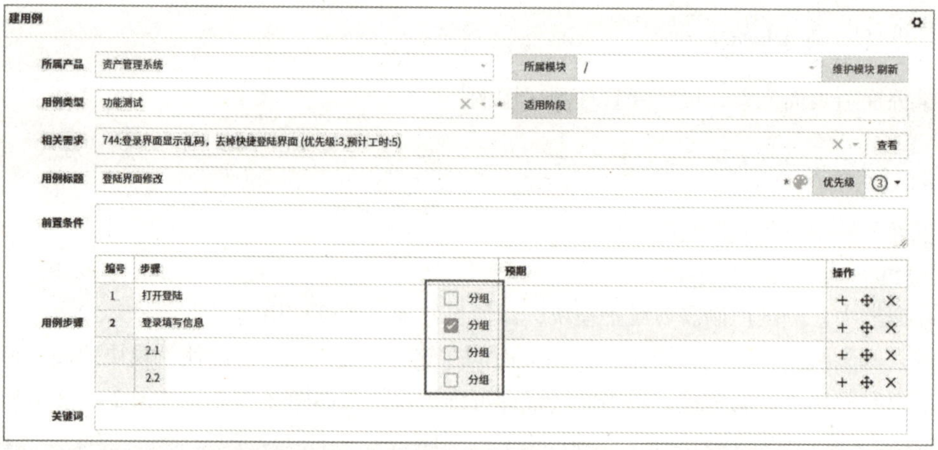

图 2-3-2-4

• 适用阶段：指在哪些测试阶段可以使用该用例；

• 用例步骤：可以在之后插入、之前插入，也可以删除当前的步骤；可以根据测试需要创建分组，填写子步骤。

（1）创建测试用例，如图 2-3-2-5 ～图 2-3-2-7 所示。

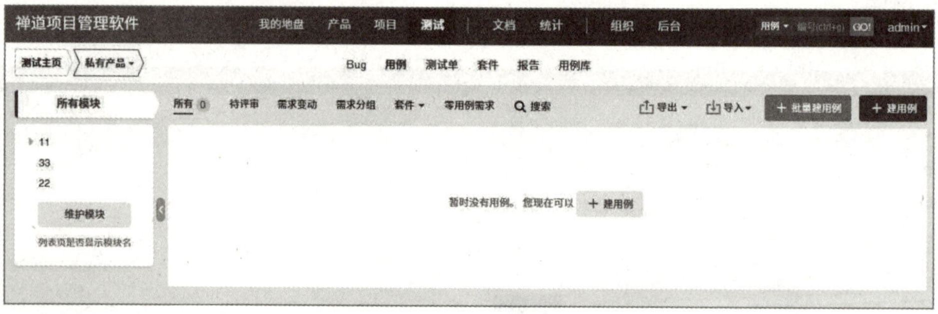

图 2-3-2-5

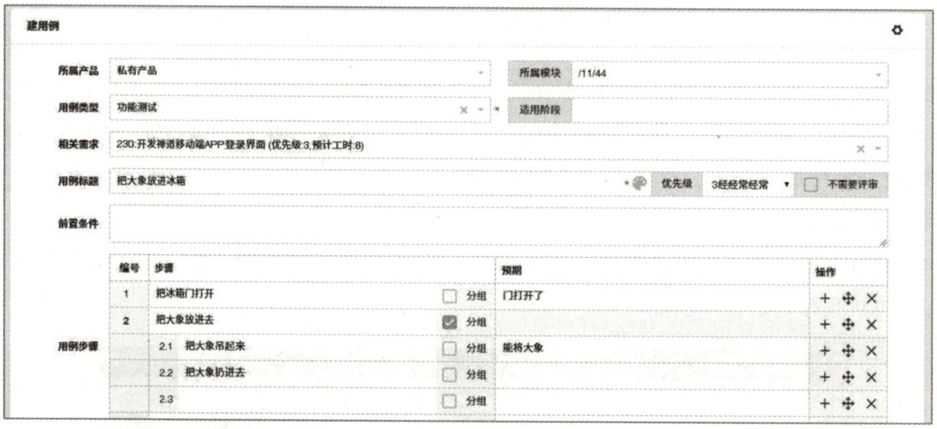

图 2-3-2-6

图 2-3-2-7

（2）用例评审功能。用例的评审功能开启时，可以设置哪些用户提交的用例不需要评审；关闭时，可以设置哪些用户提交的用例需要强制评审，如图 2-3-2-8 所示。

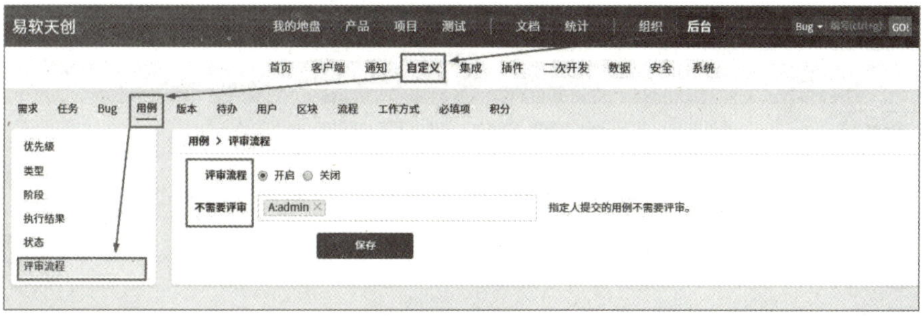

图 2-3-2-8

开启评审流程后，创建用例的页面与之前没有差别，是创建成功的用例。用例状态为待评审，有评审用例权限的用户都可以评审。可以根据实际工作需要分配评审权限。可以由管理员在组织—权限—测试—用例里勾选评审，或批量评审。

3. 测试套件

测试套件是把服务于同一个测试目的或同一运行环境下的一系列测试用例有机地组合起来，也就是把测试用例根据测试需求划分成不同的部分，每个部分就是一个测试套件。

单击右上角的“建套件”按钮，可以进入套件创建页面。创建套件时，可以选择访问权限是私有还是公开，如图 2-3-2-9 和图 2-3-2-10 所示。

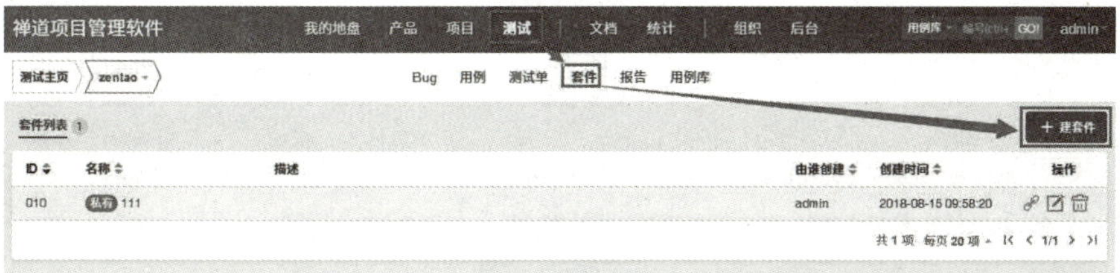

图 2-3-2-9

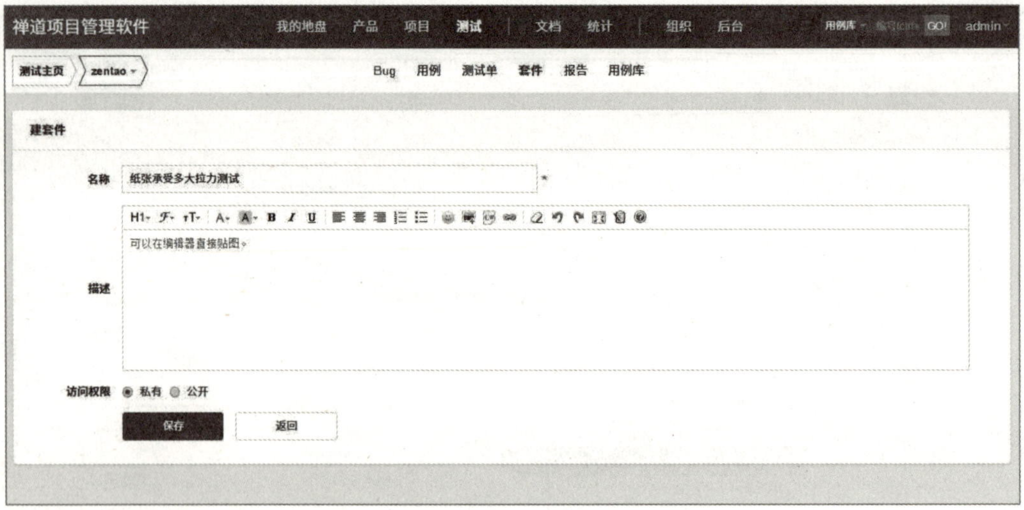

图　2-3-2-10

单击套件列表右侧的关联用例操作按钮，可以关联用例，如图 2-3-2-11 ～图 2-3-2-13 所示。

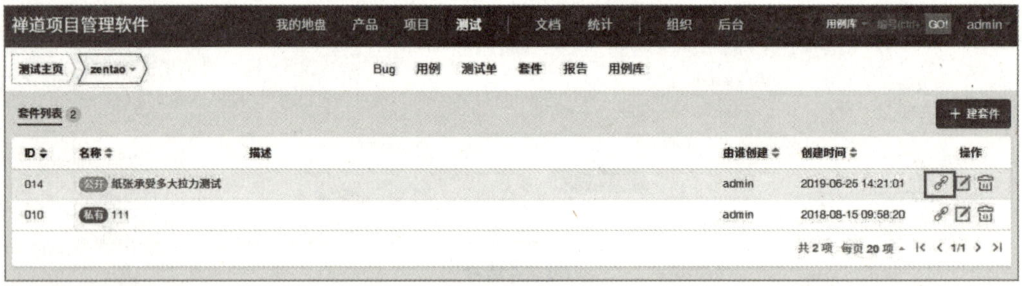

图　2-3-2-11

图　2-3-2-12

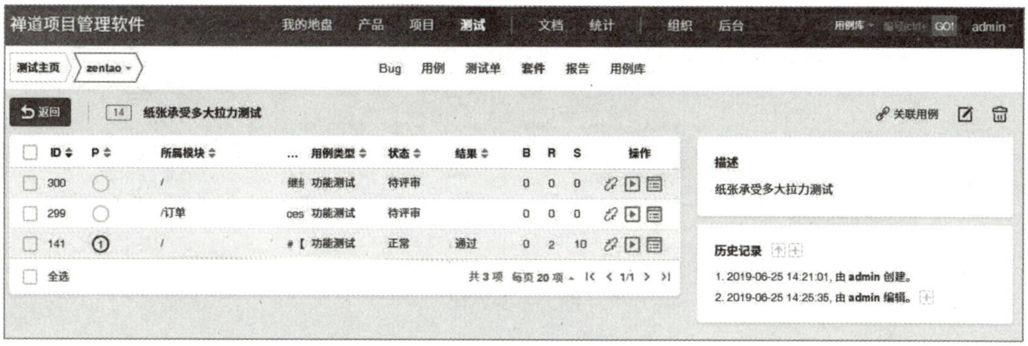

图 2-3-2-13

4. 公共用例库

公共用例库可以把不同的测试模块，或者是测试功能点所引用到的测试用例进行分类管理，这样可以有效提高测试用例的复用性。产品的用例可以从用例库中导入，如图 2-3-2-14 所示。开源版用例库支持 CSV 格式导入。

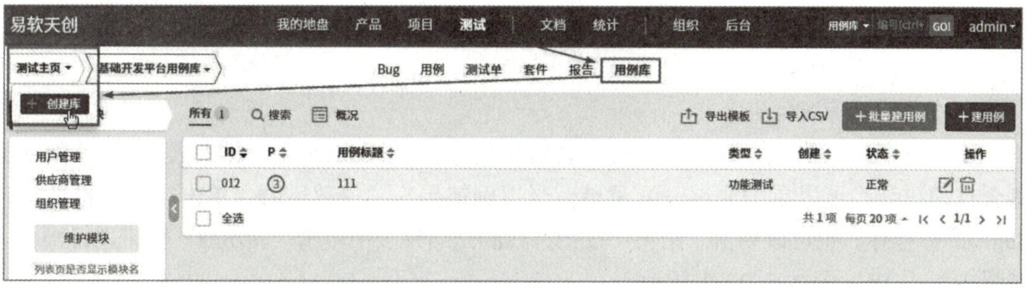

图 2-3-2-14

5. 执行用例

在测试—测试单的用例列表页面，用户可以按照模块来进行点选，或者选择所有指派给自己的用例，来查找需要自己执行的用例列表。在用例列表页面选择某一个用例，然后单击右侧的“执行”按钮，即可执行该用例。测试人员在测试时，通过测试—测试单—用例页面，测试版本所关联的用例列表里执行用例，完成测试，然后生成测试报告，如图 2-3-2-15 ~ 图 2-3-2-17 所示。

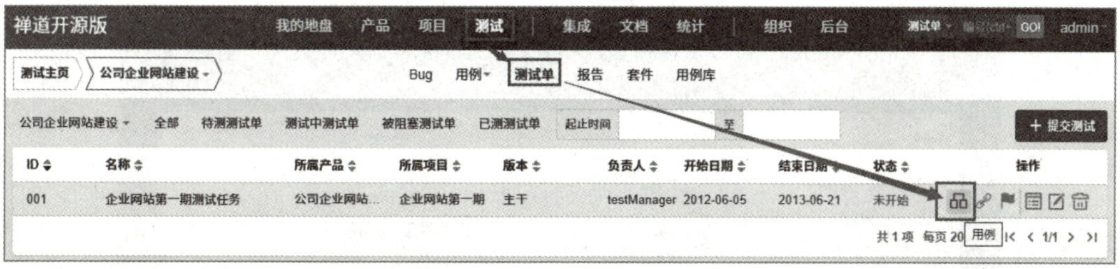

图 2-3-2-15

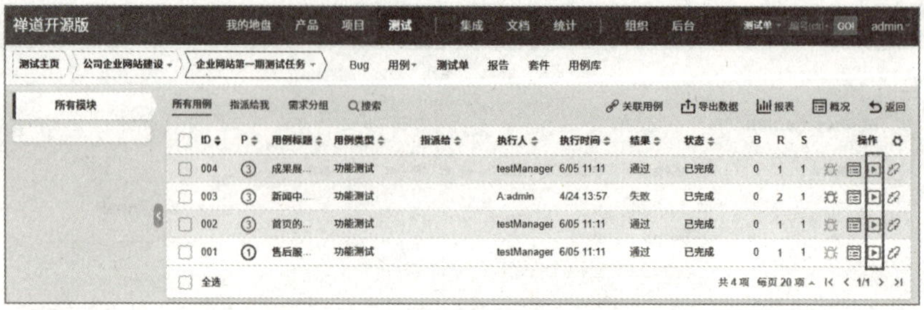

图　2-3-2-16

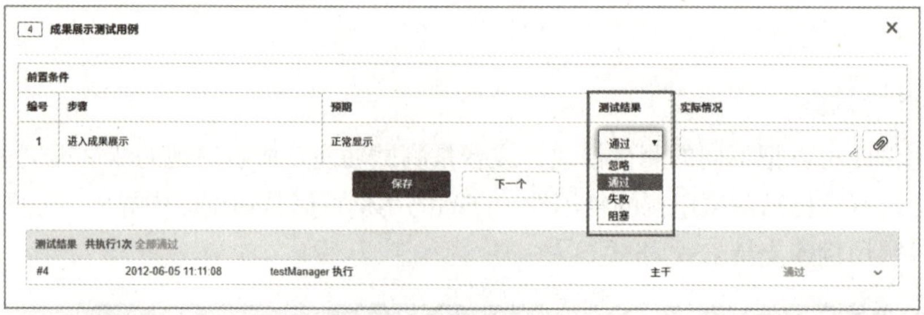

图　2-3-2-17

6. 失败用例转 Bug

如果一个用例执行失败，那么可以直接由这个测试用例创建一个 Bug，而且其重现步骤会自动拼装。可以单击测试—测试单，当用例结果为“失败”时，单击用例右侧的“转 Bug”图标操作，也可以单击“结果”按钮，在测试结果页中单击“转 Bug”按钮进行操作，如图 2–3–2–18 ~ 图 2–3–2–21 所示。

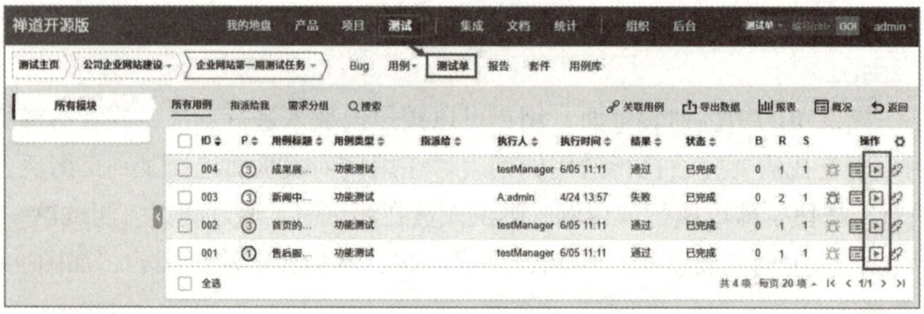

图　2-3-2-18

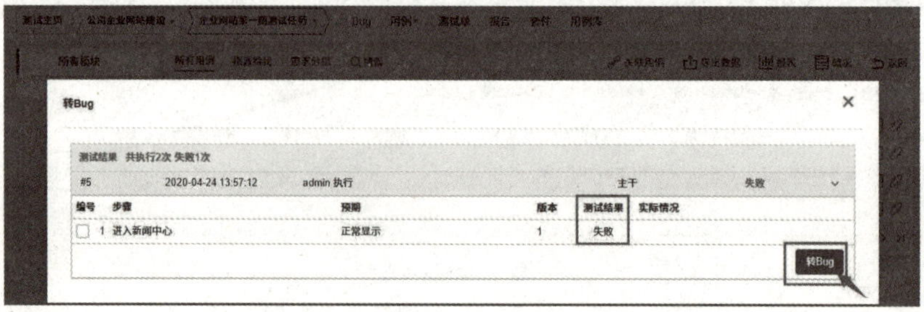

图　2-3-2-19

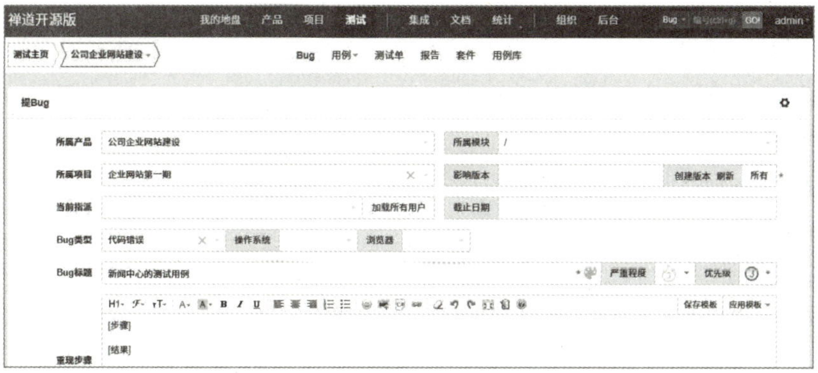

图 2-3-2-20

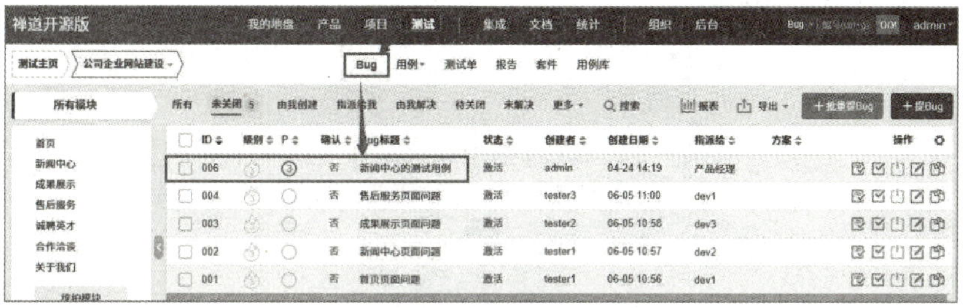

图 2-3-2-21

模块 4 缺陷管理工具使用与配置

缺陷管理/软件缺陷管理（Defect Management）是在软件生命周期中识别、管理、沟通任何缺陷的过程，确保缺陷被跟踪管理而不丢失。一般来说，需要跟踪管理工具来帮助进行缺陷全流程管理。

本模块通过两种缺陷管理工具 Mantis、禅道来介绍如何管理缺陷。

任务 4.1 Mantis 使用与配置

任务介绍

Mantis 是一个基于 PHP 技术的轻量级的开源缺陷跟踪系统，以 Web 操作的形式提供项目管理及缺陷跟踪服务。它可以为每一个项目设置不同的用户访问级别，跟踪缺陷变更历史，定制“我的视图”页面，提供全文搜索功能，内置报表生成功能，通过 E-mail 报告缺陷，用户可以监视特殊的 Bug，附件可以保存在 Web 服务器上或数据库中，自定义缺陷处理工作流。本任务针对 Mantis 的使用与配置进行介绍。

任务目标

掌握 Mantis 页面元素，编写并管理 Bug。

任务实施

下面开始 Mantis 的使用与配置。

1. 登录注册

在网页浏览器地址栏里输入网址进入 Mantis 的登录界面，单击 Mantis 的登录页面“注册一个新账号”，如图 2-4-1-1 所示。

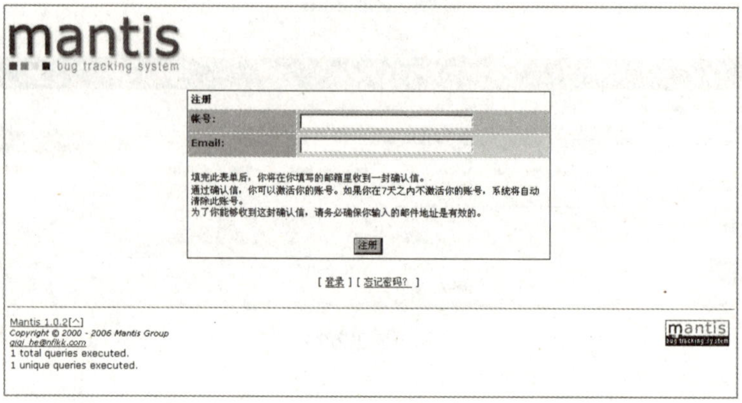

图 2-4-1-1

在此页面输入自定义的账号和有效的 E-mail，单击“注册”按钮，如图 2-4-1-2 所示。

Mantis 将会随机生成一个用户密码，并以 E-mail 的形式发到刚才填写的 E-mail 地址，所以填写的 E-mail 地址一定要真实有效，否则将不能收到登录密码。

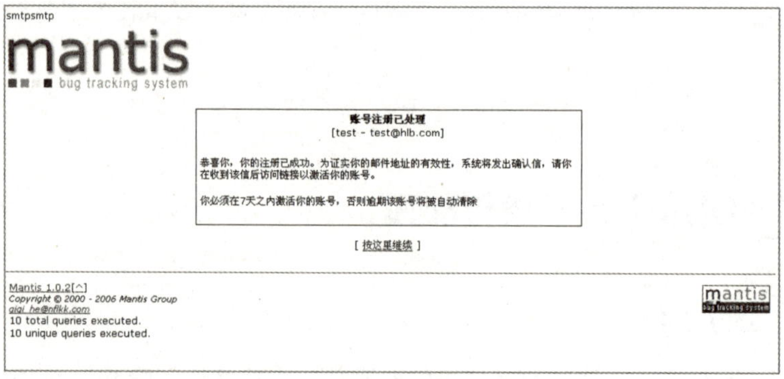

图 2-4-1-2

2. 使用 Mantis

1）登录 Mantis

在登录的页面，输入刚刚注册的用户名，进入 Mantis 的主界面，如图 2-4-1-3 所示。

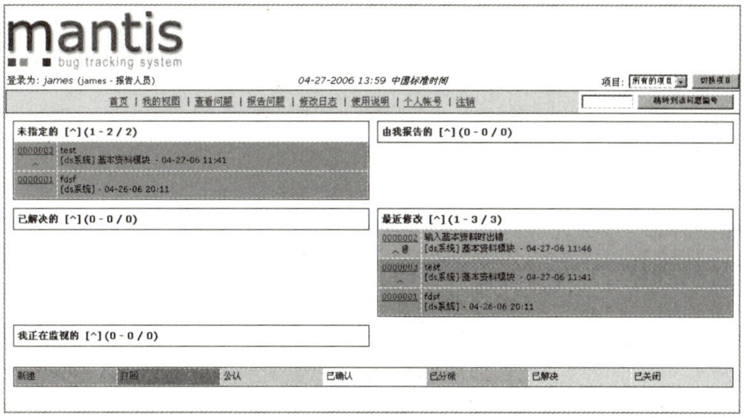

图 2-4-1-3

页面元素：

• 未指定的：指问题已经报告，但还没有指定由哪个项目组成员进行跟进的问题列表；
• 已解决的：指问题已经得到解决，问题的状态为“已经解决”；
• 我正在监视的：指你正在监视那些问题，在问题报告中，你被选为监视人；
• 由我报告的：在这里将会显示由你报告的问题列表；
• 最近修改：这一栏显示那些问题报告最近被项目组成员修改。

2）问题报告

单击“问题报告”进入图 2-4-1-4 所示页面，选择报告的问题所属的项目。

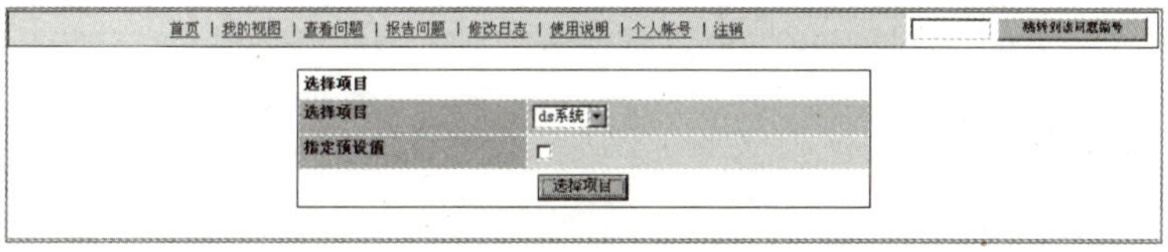

图 2-4-1-4

从下拉框选择完成后，单击“选择项目”按钮，进入问题报告主界面，如图 2-4-1-5 所示。

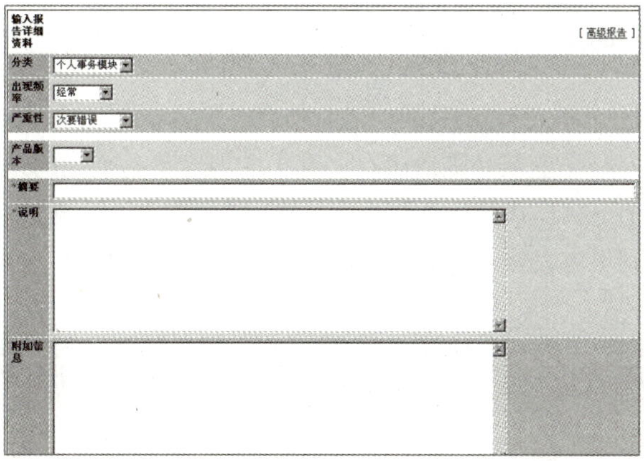

图 2-4-1-5

有些栏位有红色“*”，表示是必填内容。填好问题报告后，单击“提交报告”按钮，就会将此问题提交到系统，系统将会通过 E-mail 通知项目组的相关人员。

单击问题报告右上角的“高级报告”选项，会比原来多出好几个选项，这些都是有利于模拟问题重现的如图 2-4-1-6 所示。

图 2-4-1-6

3）问题查询

查找问题，只需单击工具栏中的“查看问题”即可，如图 2-4-1-7 所示。

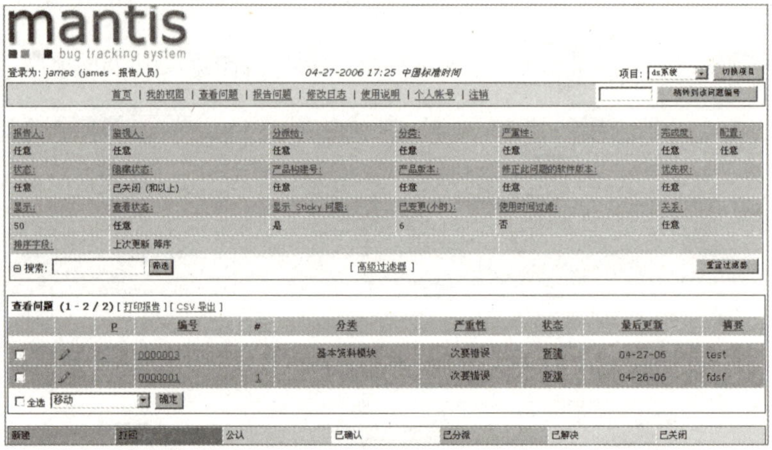

图 2-4-1-7

在工具栏的下方有一个蓝灰相隔的表格，其中的内容正是查找的条件选项，单击其中任一选项，就会出现一个下拉框代替任意两个字，输入查找的内容，输入完成后，单击“筛选”按钮就会将结果返回到下方表格，单击相应的记录就可以进行修改，如图 2-4-1-8 所示。

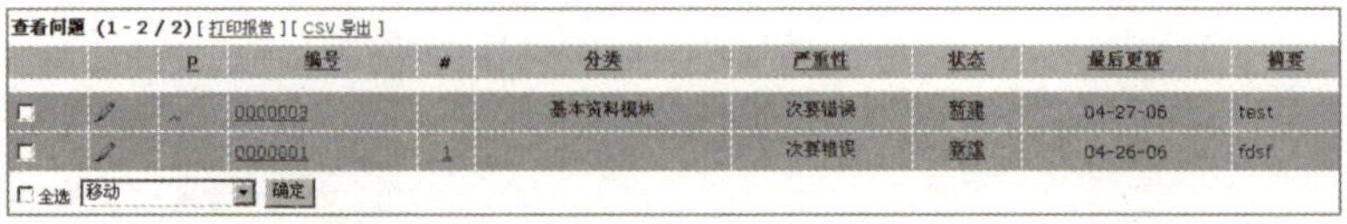

图 2-4-1-8

4）问题修改

在查找结果的列表上单击编号内容，则会进入问题修改页面，如图2–4–1–9 ~ 图2–4–1–12所示。

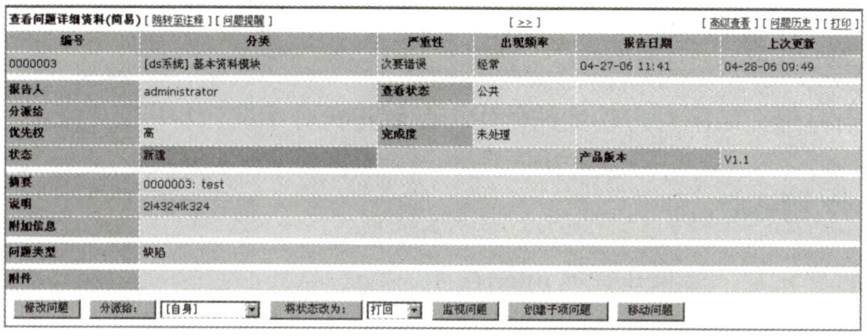

图　2-4-1-9

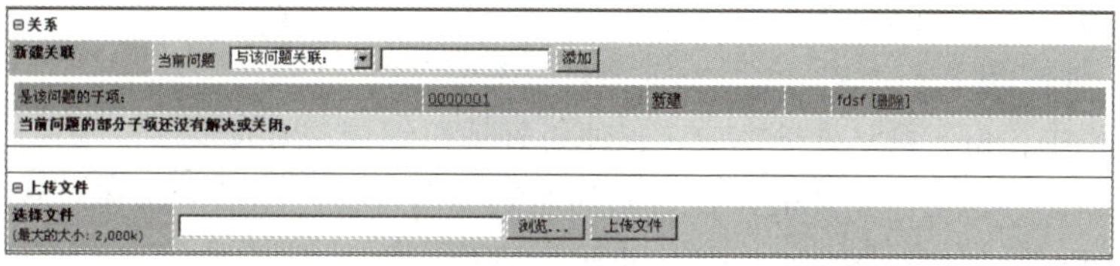

图　2-4-1-10

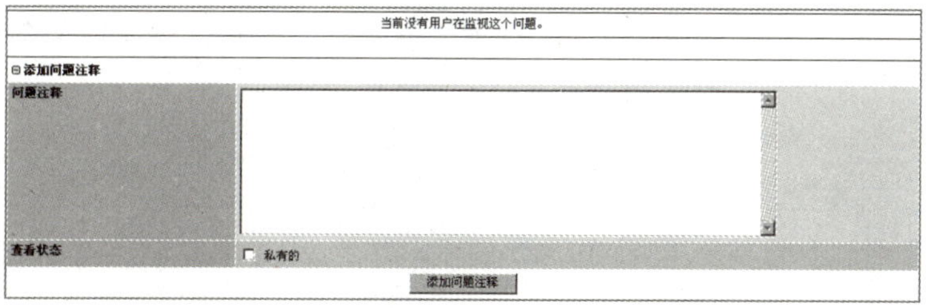

图　2-4-1-11

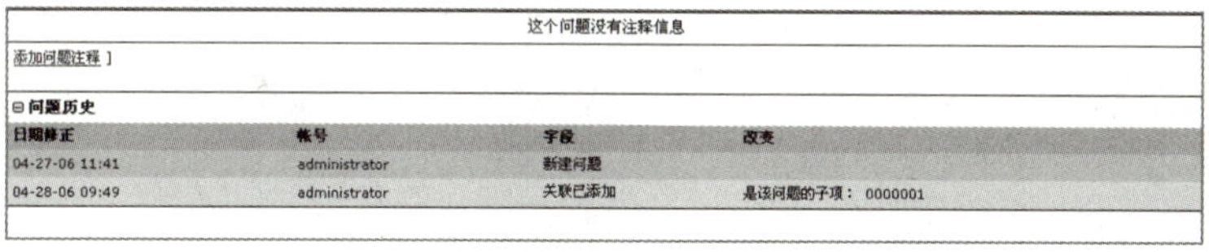

图　2-4-1-12

页面元素：

- 修改问题：进入问题明细页面进行修改；
- 分派给：指将这个问题分派给哪个人员处理，一般只能选择开发员权限的人员；
- 将状态改为：更改问题的状态，将需要输入更改状态的理由；
- 监视问题：单击后，所有和这个问题相关的改动都会通过E–mail发到监视用户的邮箱；
- 创建子项问题：建立一个问题的子项，这个子项报告的问题依赖于这个问题而存在；
- 移动问题：将这个问题转移到其他项目中。

任务 4.2 禅道使用与配置

任务介绍

本任务针对禅道在缺陷管理功能的使用与配置进行介绍。

任务目标

掌握禅道页面元素，编写并管理 Bug。

任务实施

下面开始禅道的使用与配置。

1. 维护 Bug 视图

在禅道软件中，Bug 需要维护模块，以便更好地组织管理 Bug。

进入测试视图，然后选择 Bug，在页面的左侧会出现该产品的 Bug 模块列表，模块列表的下部有模块维护的链接，单击此链接即可维护模块，如图 2-4-2-1 和图 2-4-2-2 所示。

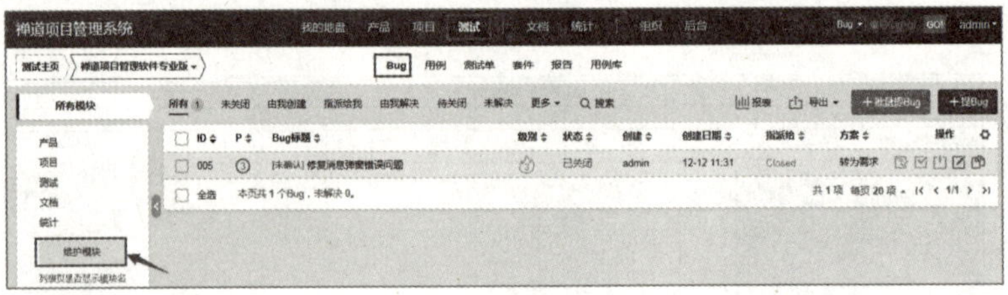

图 2-4-2-1

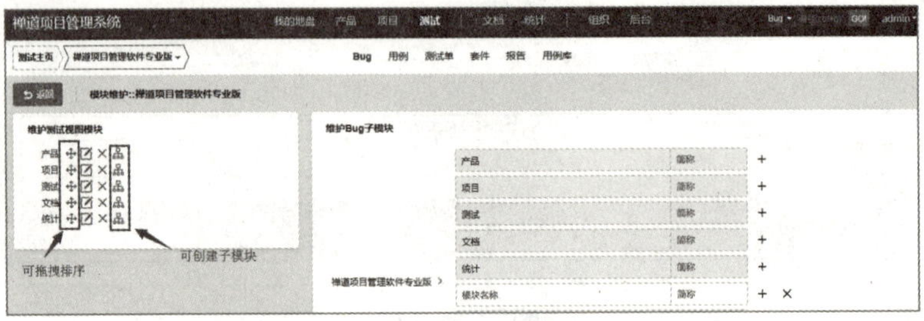

图 2-4-2-2

维护模块是一级级进行的。单击“排序”拖动移动，可以调整子模块在模块树中的位置。可以选择某一个模块编辑，编辑时可以修改它所属的上级模块，以及这个模块的默认负责人直接来看步骤。

2. 提交 Bug

进入测试视图的 Bug，单击页面右侧的“提 Bug”按钮，即可进入 Bug 创建页面，如图 2-4-2-3 和图 2-4-2-4 所示。

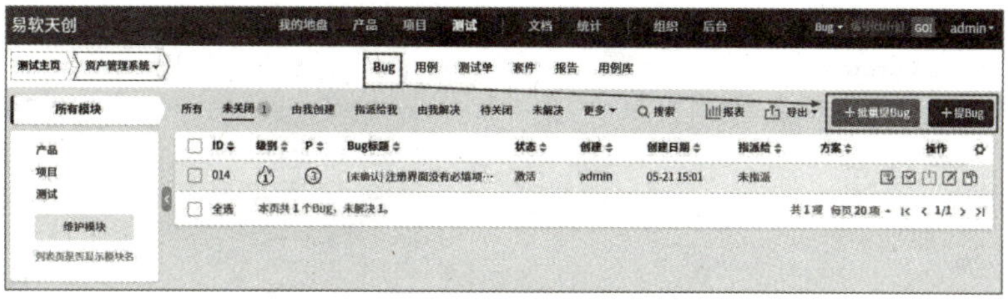

图 2-4-2-3

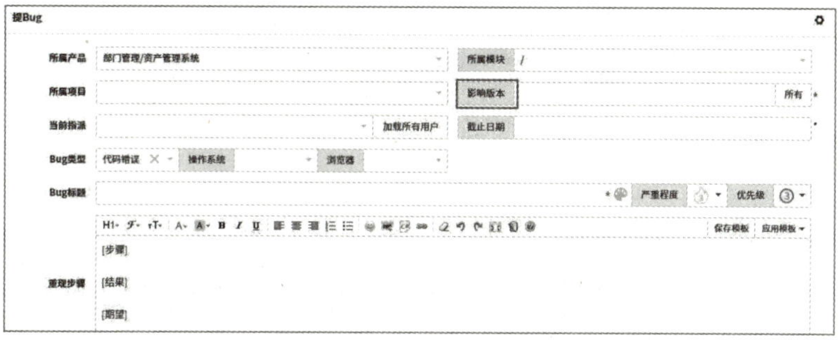

图 2-4-2-4

3. 验证 Bug 并关闭

开发人员解决 Bug 之后需要验证 Bug，如果没有问题，则将其关闭，已关闭的 Bug 不再显示在 Bug 列表，如图 2–4–2–5 和图 2–4–2–6 所示。

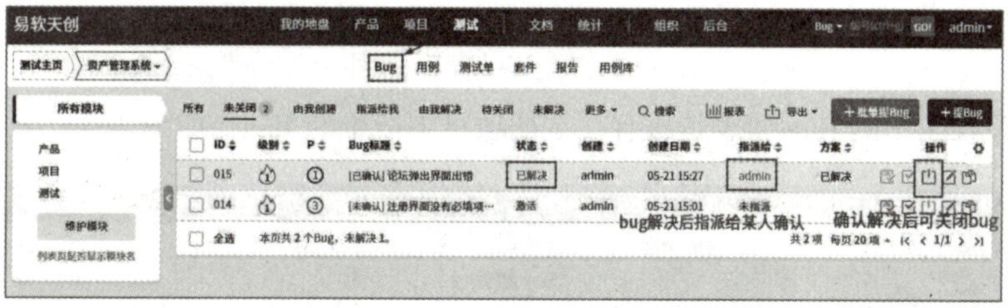

图 2-4-2-5

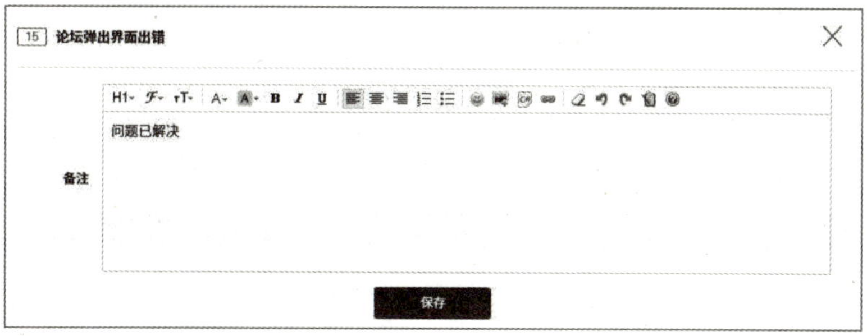

图 2-4-2-6

4. 激活 Bug

如果开发人员解决 Bug 之后验证无法通过，则可以将 Bug 重新激活，并重新解决。如果 Bug 关闭之后过一段时间又重现了，也需要重新激活。单击 Bug 标题，进入 Bug 详情，在下方的菜单中单击“激活”按钮即可，如图 2–4–2–7 所示。

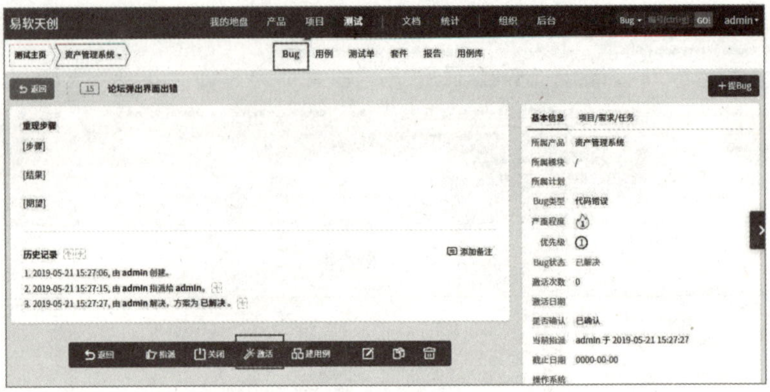

图 2-4-2-7

5. 筛选 Bug

“我的地盘”中的 Bug 列表是所有当前指派的 Bug，如图 2-4-2-8 所示。

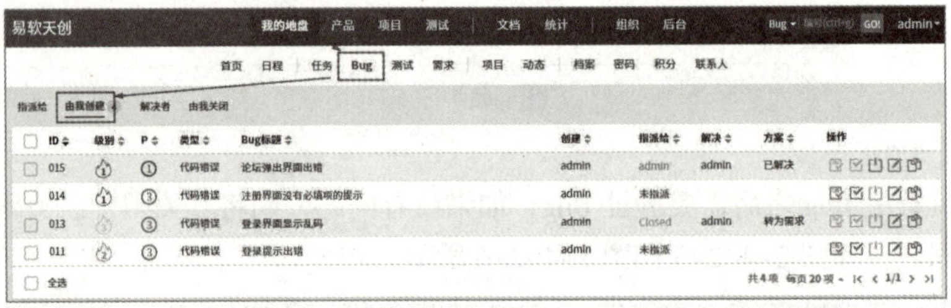

图 2-4-2-8

“项目”视图中的 Bug 列表是所有在这期项目中产生的 Bug，如图 2-4-2-9 所示。

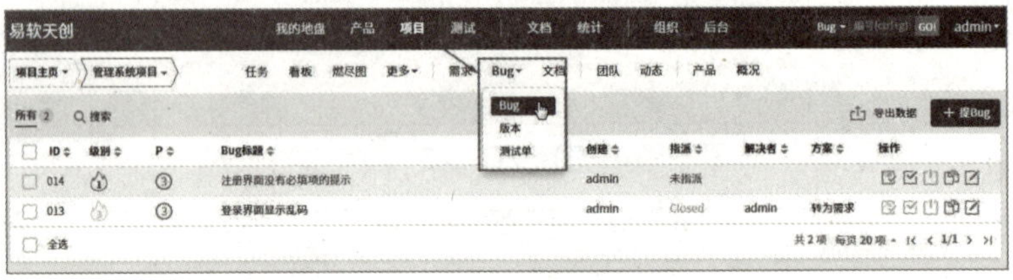

图 2-4-2-9

在“测试”视图中的 Bug 列表页面可以按照各种条件进行浏览，如图 2-4-2-10 所示。

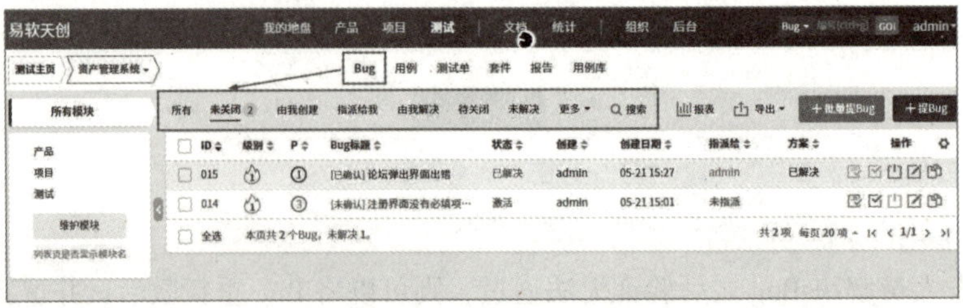

图 2-4-2-10

单元 3

功能测试

随着新一代信息技术的发展，云计算、大数据、人工智能等技术的应用场景愈发庞大，对软件的效率、敏捷、质量等方面的要求更加严苛，软件测试技术正面临着翻天覆地的变化，Devops、敏捷开发、敏捷测试、测试左移、测试右移等思想和方法论层出不穷。

作为软件测试过程主要构成之一的功能测试，也出现了越来越多的工具、技术，但是对于逻辑越来越复杂的场景，功能测试依旧不会消失，敏捷、自动化，甚至人工智能都无法达到功能测试的全面性。经过全面功能测试的软件，其 Bug 出现的频率相对于其他技术测试的软件依旧偏低，软件的逻辑清晰程度也更高。测试人员经历过功能测试，有助于形成良好的测试思维、全面的逻辑分析能力。

但是，功能测试也不可以故步自封，借助工具完成简单业务场景、UI 页面的自动化测试，熟练使用代码完成基于代码级别的单元测试，只将复杂的业务逻辑进行功能测试，才是当前技术背景下功能测试的角色定位。

本单元针对功能测试，以企业真实项目流程作为体系，介绍如何做好功能测试工作，包括需求分析、测试用例设计、测试用例执行和测试文档设计等，为进行自动化测试、性能测试打好基础。

学习目标

- 分析系统的 UI 界面、业务逻辑、一致性、交互性、易用性、用户体验，并通过分析结果确定功能测试点；
- 根据测试用例元素设计测试用例；
- 掌握等价类划分法、边界值法、因果图 / 决策表法使用场景；
- 在系统中执行测试用例并发现缺陷；
- 根据缺陷属性编写缺陷；
- 设计测试计划；
- 设计测试总结报告。

模块 1　功能需求分析

产品分为两种：一是由客户向公司提出需求；二是公司内部自主研发。不管是哪种产品形式，都要将需求从脑中、嘴中比较虚无缥缈的思路、语言转化为看得见、摸得着的纸面上的存在。产品、开发、测试都要依照纸面上的存在进行，才能保证工作的正确性及全面性，这个存在就是需求说明书 / 原型图。针对需求进行分析是测试人员在设计测试用例之前必须经历的。本模块针对需求说明书、用户界面、逻辑规则、数据状态等的功能需求分析进行介绍。

任务 1.1　了解需求说明书 / 原型图

任务介绍

软件需求说明书的目的是指出预期的读者。软件需求说明书的作用在于便于用户、开发工程师进行理解和交流，反映出用户问题的结构，可以作为软件开发工作的基础和依据，并作为确认测试和验收的依据，对于测试工程师，最开始的需求分析可以为后续的测试用例设计做好铺垫，了解系统的大体流程，对系统整体有一个明确的认识。本任务针对需求说明书进行介绍。

任务目标

理解需求说明书包含的内容。

知识储备

当产品设计完毕需求说明书或原型图后，测试通常从以下方面开展需求分析：

- 模块功能：系统都存在哪些模块，各个模块中有哪些功能；
- UI 页面：系统模块的 UI 布局、排版、文字等是如何设计的；
- 逻辑规则：不同的功能存在不同的规则，明确规则及逻辑；
- 模块关联：模块间功能间存在关联关系是测试的重中之重；
- 权限差别：不同角色有着不同的权限，不同的权限有着不同的功能；
- 数据状态：某些字段有可用 / 不可用的状态区别，在与其他模块数据交互时要注意。

明确以上内容，就了解了测试规模、复杂程度与可能存在的风险。所谓知己知彼，百战不殆，测试需求不明确，只会造成获取的信息不正确，无法对所测软件有一个清晰全面的认识，测试计划就毫无根据可言，只凭感觉不做详细了解就下定论的项目是失败的。测试需求分析越详细精准，表明对所测软件的了解越深，对所要进行的任务内容就越清晰，就更有把握保证测试的质量与进度。

所以，需求分析就是要弄清楚用户需要的是什么功能，用户会怎样使用系统。这样测试的时候才能更加清楚地知道系统该怎样运行，才能更好地设计测试用例，才能更好地进行测试。

需求说明书中会对系统的页面布局、包含元素、逻辑规则、字段详细要求等进行说明，测试工程师需要分析挖掘需求分析说明书中的每一个字，转换成有效的测试用例。

在产品设计阶段，系统还没有进行开发，如果只使用文字进行描述过于单薄。要想更加直观地了解系统的 UI 界面以及功能，那就需要借助原型图设计工具将需求说明书用原型图的方式表示出来。原型图将产品的功能具象化，客户可以根据原型图确认需求，UI 设计工程师可以按照原型图的布局进行 UI 设计，开发工程师可以根据原型图中的逻辑功能说明进行代码设计，测试工程师可以根据 UI 以及文字规则进行测试用例设计。相对于需求说明书，原型图能够更好地辅助相关人员进行工作。对于测试工程师来说，不管是原型图还是需求说明书，都需要细致入微地进行需求分析。

任务实施

针对以下需求进行理解：人力资源综合服务系统—类别维护—岗位类别模块，如图 3-1-1-1 和图 3-1-1-2 所示。

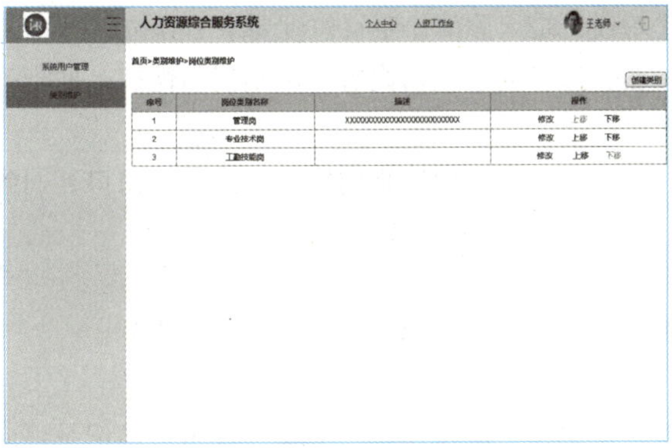

图 3-1-1-1

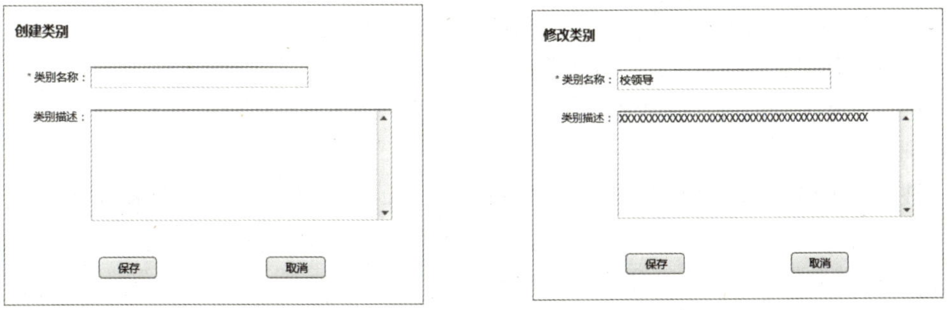

图 3-1-1-2

1. 岗位类别管理列表页

单击左侧导航栏中的“岗位类别”模块菜单，进入岗位类别管理页面。

- 页面 Title 显示“岗位类别”；
- 面包屑导航显示“首页 > 类别维护 > 岗位类别”，单击“首页”可跳转至首页页面；
- 列表字段：序号、岗位类别名称、描述、操作（修改、上移、下移）；
- 列表不含翻页。

2. 创建类别（注意，必填项使用红色星号“*”标注）

在岗位类别列表页，单击“创建类别”按钮，弹出“创建类别”窗口。

- 类别名称：必填项，与系统内的岗位类别名称不能重复，字符长度要求 50 字符（含）以内；
- 类别描述：非必填项，字符长度要求 240 字符（含）以内；
- 单击“保存”按钮，保存当前新增内容，关闭当前窗口，回到列表页，在列表页新增一条记录；
- 单击“关闭”按钮，不保存当前新增内容，关闭当前窗口，回到列表页。

3. 修改（注意，必填项使用红色星号“*”标注）

在岗位类别列表页，单击“修改”按钮，弹出“修改类别”窗口。

- 类别名称：必填项，带入原值，修改时与系统内的岗位类别名称不能重复，字符长度要求 50 位字符（含）以内；
- 类别描述：非必填项，带入原值，字符长度要求 240 位字符（含）以内；
- 单击“保存”按钮，保存当前编辑内容，关闭当前窗口，回到列表页，列表页相应内容随之更新；
- 单击“关闭”按钮，不保存当前编辑内容，关闭当前窗口，回到列表页，列表页相应内容前后不变。

4. 上移

在岗位类别列表页，使用“上移”功能可改变记录的排序。

- 首条记录后的“上移”按钮置灰；
- 对于非首条记录，每单击一次操作栏“上移”按钮，该记录可向上移动一位，可一直移动到首位。

5. 下移

在岗位类别列表页，使用“下移”功能可改变记录的排序。

- 在末条记录后的“下移”按钮置灰；
- 对于非末条记录，每单击一次操作栏“下移”按钮，该记录可向下移动一位，可一直移动到末位；

注意：上移、下移的操作用于调整在列表页以及引用模块岗位类别的展示顺序。

任务 1.2 用户界面分析

任务介绍

需求说明书的整体组成包括用户界面、功能逻辑两部分。

用户界面（UI）是用户使用系统的第一直观感受，所以测试 UI 的功能模块布局是否合理，整体风格是否一致，各个控件的放置位置是否符合用户使用习惯，操作是否便捷，导航是否简单易懂，界面中文字是否正确，命名是否统一，页面是否美观，文字、图片组合是否完美等，这些都属于 UI 测试。本任务针对用户界面进行介绍。

任务目标

了解用户界面常见情况。

知识储备

测试工程师需要在需求说明书或者原型图中对 UI 进行分析，从用户角度思考系统外观及使用，进而提高软件体验，UI 测试主要做的就是这类工作。不同的测试工程师对于 UI 的认知差别很大，这取决于自身的使用软件的习惯，但还是有一些通用之处。下面介绍如何对需求说明书 / 原型图中的 UI 进行分析。

1. 一致性

坚持以用户体验为中心设计原则，界面直观、简洁，操作方便快捷，用户接触软件后对界面上对应的功能一目了然、不需要太多培训就可以方便使用本应用系统。

- 字体：保持字体及颜色一致，避免一套主题出现多个字体；不可修改的字段，统一用灰色文字显示；
- 对齐：保持页面内元素对齐方式的一致，如无特殊情况应避免同一页面出现多种数据对齐方式；
- 表单录入：在包含必须与选填的页面中，必须在必填项旁边给出醒目标识（红色“*”）；各类型数据输入需限制文本类型，并进行格式校验，如电话号码输入只允许输入数字、邮箱地址需要包含“@”等，在用户输入有误时给出明确提示；
- 鼠标指针：可单击的按钮、链接需要切换鼠标指针为手形；
- 保持功能及内容描述一致：避免同一功能描述使用多个词汇，避免编辑和修改、新增和增加、删除和清除混用等。

2. 准确性

使用一致的标记、标准缩写和颜色，显示信息的含义应该非常明确，使用户不必再参考其他信息源。

- 显示有意义的出错信息，而不是单纯的程序错误代码；

- 避免使用文本输入框来放置不可编辑的文字内容，不要将输入框当成标签使用；
- 使用缩进和文本来辅助理解；
- 使用用户语言词汇，而不是单纯的专业计算机术语；
- 高效地使用显示器的显示空间，但要避免空间过于拥挤；
- 保持语言的一致性，如“确定”对应“取消”，“是”对应“否”。

3. 布局

在进行 UI 设计时需要充分考虑布局的合理化问题，遵循用户从上而下、自左向右浏览、操作习惯，避免常用业务功能按键排列过于分散，以造成用户鼠标移动距离过长的弊端。多做“减法”运算，隐藏不常用的功能区块，以保持界面的简洁，使用户专注于主要业务操作流程，有利于提高软件的易用性及可用性。

- 菜单：保持菜单简洁性及分类的准确性，避免菜单深度超过三层；
- 按钮：确认操作按钮放置左边，取消或关闭按钮放置于右边；
- 功能：未完成功能必须隐藏处理，不要置于页面内容中，以免引起误会；
- 排版：所有文字内容排版避免贴边显示，尽量保持 10 ~ 20 像素的间距，并在垂直方向上居中对齐；各控件元素间也保持至少 10 像素以上的间距，并确保控件元素不紧贴于页面边沿；
- 表格数据列表：字符型数据保持左对齐，数值型右对齐，并根据字段要求，统一显示小数位数；
- 滚动条：页面布局设计时应避免出现横向滚动条；
- 页面导航（面包屑导航）：在页面显眼位置应该出现面包屑导航栏，让用户知道当前所在页面的位置，并明确导航结构，如“首页 > 新闻中心”，其中带下画线部分为可单击链接；
- 信息提示窗口：信息提示窗口应位于当前页面的居中位置，并适当弱化背景层以减少信息干扰，让用户把注意力集中在当前的信息提示窗口。

4. 系统操作

- 尽量确保用户在不使用鼠标的情况下也可以流畅地完成一些常用的业务操作，各控件间可以通过【Tab】键进行切换，并将可编辑的文本全选处理；
- 查询检索类页面，在查询条件输入框内按【Enter】键应该自动触发查询操作；
- 在进行一些不可逆或者删除操作时应该有信息提示，并让用户确认是否继续操作，必要时应该告知操作造成的后果；
- 信息提示窗口的“确认”及“取消”按钮需要分别映射键盘按键【Enter】和【Esc】；
- 避免使用鼠标双击动作，不仅会增加用户操作难度，还可能会引过用户误会，认为功能单击无效；
- 表单录入页面，需要把输入焦点定位到第一个输入项。用户通过【Tab】键可以在输入框或操作按钮间切换，并注意【Tab】键的操作应该遵循从左向右、从上而下的顺序。

5. 系统响应

系统响应时间应该适中，响应时间过长，用户就会感到不安和沮丧；而响应时间过快，也会影响到用户的操作节奏，并可能导致错误，因此在系统响应时间上坚持如下原则：

- 2~5 秒窗口显示处理信息提示，避免用户误认为没响应而重复操作；
- 5 秒以上显示处理窗口，或显示进度条；
- 一个长时间的处理完成时应给予完成警告信息。

以上为软件测试领域中较为统一的 UI 测试原则。但是，不同测试工程师会有着不同的看法，不同的人对 UI 的测试会有着不同的结果，这就要求测试工程师有丰富的软件使用经验，能够站在用户的角度思考，多与产品、UI 设计以及其他测试工程师进行沟通。

任务 1.3 逻辑规则分析

任务介绍

系统由若干模块组成，模块由若干功能组成，功能由若干字段和按钮组成。在进行需求分析的过程中，除了对 UI 的确认，更重要的是对功能逻辑的确认。根据需求说明书中一个字段、一个功能、一个模块的逻辑规则说明，判断出测试过程中可能会发生的情况。判断的有效情况越多，测试覆盖率也就越大，系统测试完毕后可能隐藏的问题就越少。本任务针对逻辑规则进行介绍。

任务目标

理解逻辑规则，分析逻辑规则。

任务实施

针对以下需求进行逻辑规则分析：人力资源综合服务系统—类别维护—岗位类别—创建类别，如图 3-1-3-1 所示。

- 类别名称：必填项，与系统内的岗位类别名称不能重复，字符长度要求 50 字符（含）以内。

对案例进行分析，人力资源综合服务系统是系统，类别维护是一级菜单（模块），岗位类别是二级菜单（模块），创建类别是岗位类别的功能之一，类别名称是创建类别页面的字段之一，根据 UI 可以判断是输入框的形式。

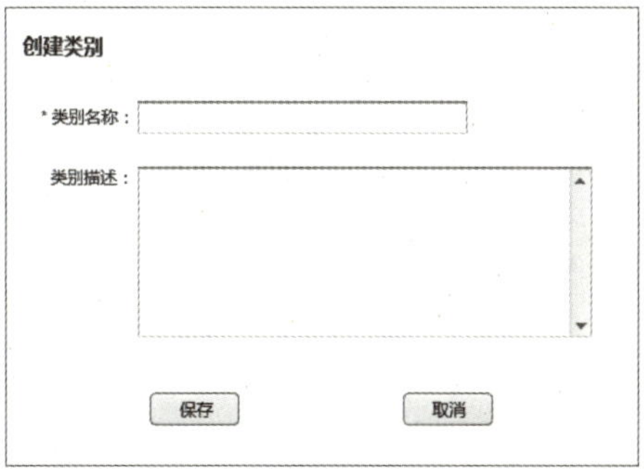

图 3-1-3-1

根据需求说明书对类别名称的逻辑规则说明，判断出测试过程中要测试的情况如下：

（1）正确情况：

填写内容在 1 ~ 50 位字符之间，与系统已创建已存在的岗位类别名称无重复。

（2）错误情况：

- 没有填写；
- 填写内容在 50 字符以上，不包含 50 字符；
- 填写内容，填写内容在 1 ~ 50 字符之间，但与系统已创建已存在的岗位类别名称重复。

以上只是对一个字段的需求分析，已经有数种情况。软件系统虽然有很多种类，但是在基础的字段方面是具有通用性的，字段的形式通常为输入框、下拉框、输入下拉框、日期控件等，字段的字符类型通常为数字、汉字、英文、特殊符号等，至于字符长度以及其他规则要按照不同的要求具体分析。

在没有进行测试用例设计方法的学习之前，暂时将测试过程情况确定到这种程度；在学习测试用例设计方法之后，还可以将以上情况更加细分。一个功能或者一个模块可能会发生的情况更复杂，在后续的学习中将继续深入讲解。

任务 1.4 数据状态分析

任务介绍

单独的字段比较容易判断测试的情况，但是当字段组成数据，数据就可能会存在状态之分。比如，在日常生活中常见的外卖软件，收货地址可以存在多条数据，但并不是所有数据都是有效数据，如果超出配送范围，那么收货地址就会变为不可选取的状态，如图 3-1-4-1 所示。最常见的数据状态为可用 / 不可用，当然还有其他种类的数据状态，要根据数据依附的功能实际判断。本任务针对数据状态进行介绍。

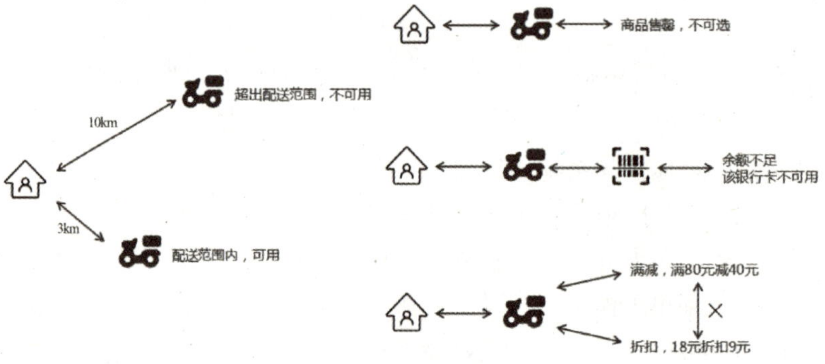

图 3-1-4-1

任务目标

了解数据状态常见情况。

知识储备

例如，资产管理系统存在资产报废—报废登记功能，报废登记是对正常状态的资产进行报废，报废后资产状态变为已报废；存在资产借还—借还登记功能，借还登记是对正常状态的资产进行借还，借出后资产状态变为已借出，归还后资产状态变为正常。

当数据的状态发生变化时，通常会跟随规则限制。例如，上文提到的资产管理系统—资产报废—报废登记，将正常状态的资产变为已报废状态的资产之后，已报废的资产是否可以再次报废？同理，已借出的资产是否可以再次借出？这些数据状态的变化以及对应的限制，需求说明书中通常都会说明清楚；若未说明，则需根据测试工程师的经验进行质疑，反馈给产品经理进行确认。

任务 1.5 模块关联分析

任务介绍

模块之间的关联主要体现在数据的交互。例如，A 模块中的数据会在后续的 B 模块中进行使用，这时就要仔细分析测试情况。本任务针对模块关联进行介绍。

任务目标

了解模块关联常见情况。

知识储备

若 A 模块的数据进行修改、删除、状态的变化等操作，B 模块会对应产生什么影响？

通常修改造成的影响最小，A 模块的数据进行部分字段的修改，B 模块中的数据也要进行对应修改。

删除可能会对 B 模块造成一定影响，如 A 模块是政治面貌管理，B 模块为人员信息管理，B 模块中存在已创建的人员数据——张三，政治面貌为团员。此时，若准备在 A 模块中将团员的这一条政治面貌数据删除，通常会出现下面几种情况：

- 提示已有数据使用此政治面貌，不允许删除；
- 允许删除，成功删除，B 模块中张三的政治面貌项留存快照，依然显示团员；
- 允许删除，成功删除，B 模块中张三的政治面貌变为空。

状态变化在模块关联中隐藏得很深，通常是测试工程师容易遗漏的测试点。之前提到资产管理系统中存在资产报废和资产借还两个模块，资产报废可以将正常状态的资产变为已报废状态的资产，不可再次报废；资产借还可以将正常状态的资产变为已借出状态的资产，归还后才可再次借出。

这些都是状态变化对自身模块的影响。在模块关联中需要考虑两个模块中间的关联，情况如下：

- 已报废的资产是否可以借出；
- 已借出的资产是否可以报废；
- 已归还的资产是否可以报废。

在需求分析过程中，如果在后续的模块逻辑规则说明中发现使用到前置模块的数据就要着重分析，当然可能会发生的情况不止修改、删除这几种，还有较难的下拉框值的情况，更多的情况要按照需求说明书中的要求来判断和测试。

任务 1.6 权限差别分析

任务介绍

权限管理一般指根据系统设置的安全规则或者安全策略，用户可以访问而且只能访问自己被授权的资源。本任务针对权限差别进行介绍。

任务目标

了解权限常见情况。

知识储备

从控制力度来看，可以将权限管理分为两大类：

- 功能级权限管理；
- 数据级权限管理。

从控制方向来看，也可以将权限管理分为两大类：

- 从系统获取数据，比如查询订单、查询客户资料；
- 向系统提交数据，比如删除订单、新增修改客户资料。

系统中通常会有角色之分，也即权限的差别，如图 3-1-6-1 所示。例如，张三是总经理，李四是部门经理，两个人的职责不同、权利不同，在同一个系统中所拥有的角色可能会有差别。张三属于总经理角色，李四属于部门经理角色；张三可以访问 A、B、C、D 模块，李四可以访问 C、D、E 模块（功能级权限管理）；在两人可以共用访问的 C、D 模块中，张三可以查看全公司的数据，李四只能查看自己部门的数据（数据级权限管理）；张三可访问模块主要是查询功能（从系统获取数据），李四可访问模块主要是操作功能（向系统提交数据）。

图 3-1-6-1

以上就是角色的区分、权限的差别，在同一模块中因为权限的不同，角色可见的功能也会有差别，在需求分析阶段就要进行明确，以便后续编写测试用例时进行区分。

任务 1.7 思维导图分析

任务介绍

之前对产品需求分析时需要注意的点都进行学习，但是单独知识点较为容易，分析起来也比较简单；当需求较多的时候，只在头脑中进行勾勒就会容易遗漏，这时就需要借助工具来将思路整理出来形成思维导图，将抽象的思维实体化。常用的思维导图工具有很多，比如MindMaster、XMind、ProcessOn、WPS等，使用什么工具并不重要，只要将需求全面整理出即可。本任务针对思维导图进行介绍。

任务目标

掌握如何根据需求绘制思维导图。

任务实施

针对以下需求进行思维导图设计：人力资源综合服务系统—类别维护—岗位类别—创建类别，如图 3-1-7-1 所示。

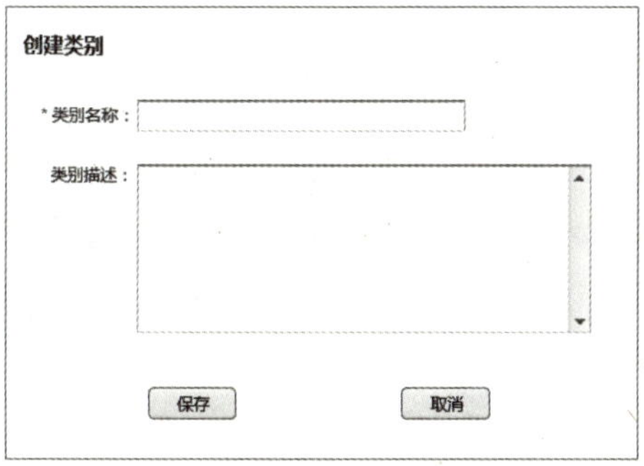

图 3-1-7-1

- 类别名称：必填项，与系统内的岗位类别名称不能重复，字符长度要求50字符（含）以内；
- 类别描述：非必填项，字符长度要求200字符（含）以内。

根据需求画出思维导图，如图 3-1-7-2 所示。

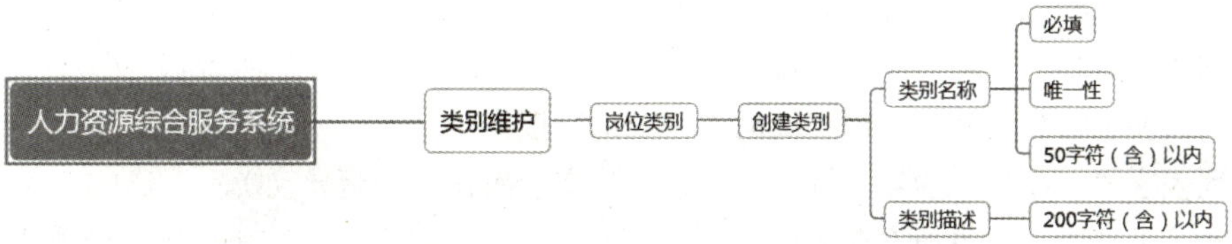

图 3-1-7-2

在真实工作过程中，测试工程师往往使用思维导图梳理完毕产品大致逻辑流程后，直接对照需求说明书或原型图直接编写测试用例，不会用文字拆解需求说明书。

模块综合练习 功能需求分析

文本
模块综合练习 功能需求分析

分析以下需求说明书部分内容，使用 XMind、ProcessOn 等工具梳理思维导图，明确可能存在的用户界面、逻辑规则、数据状态、模块关联、权限差别情况，如图 3-1-8-1 和图 3-1-8-2 所示。

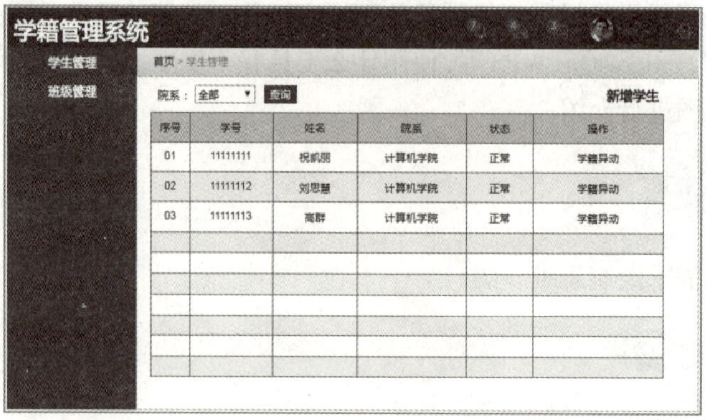

图 3-1-8-1

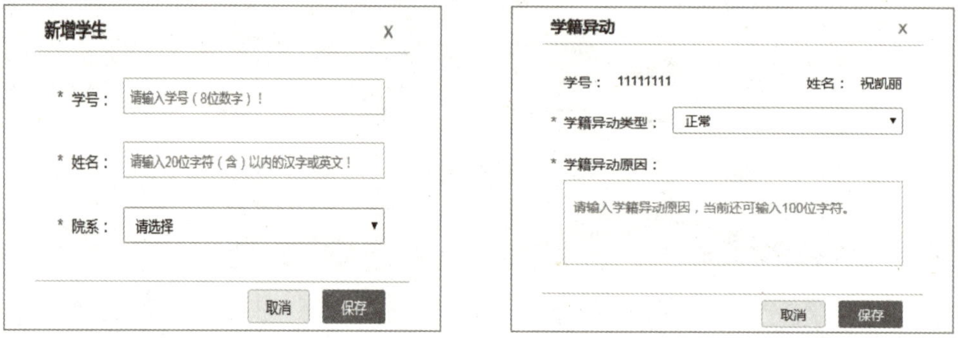

图 3-1-8-2

1. 学生管理列表页（存在两个角色：教务处老师、院系老师）

单击左侧导航栏中的“学生管理”模块菜单，进入学生管理页面。

- 页面 Title 显示“学生管理”；
- 面包屑导航显示“首页 > 学生管理”，单击“首页”可跳转至首页页面；
- 左侧导航栏“学生管理”高亮显示；
- 列表上方显示“新增学生”按钮；
- 列表左上方显示院系下拉查询框，“查询”按钮；
- 列表字段：序号、学号、姓名、院系、状态、操作（学籍异动）；
- 教务处老师可查看所有院系数据，不可新增以及学籍异动；院系老师仅能查看所在院系数据，可以新增以及学籍异动。

2. 新增学生（注意，必填项使用红色星号“*”标注）

在学生管理列表页，单击“新增学生”按钮，打开“新增学生”页面。

• 学号：必填项，与系统内的学号不能重复，字符长度要求 8 位，字符类型数字；

• 姓名：必填项，字符长度要求 20 字符（含）以内，字符类型汉字、英文；

• 院系：必填项，下拉框值正确显示院系管理中已启用的数据；

• 单击“保存”按钮，保存当前新增内容，关闭当前窗口，回到列表页，在列表页新增一条记录，“状态”项默认正常；

• 单击“关闭”“×”按钮，不保存当前新增内容，关闭当前窗口，回到列表页。

3. 学籍异动（注意，必填项使用红色星号“*”标注）

在学生管理列表页，单击一条数据操作中的“学籍异动”按钮，弹出“学籍异动”窗口。

• 学籍异动类型：必填项，默认显示当前状态，下拉框值正确显示：正常、休学、退学，状态变化限制：正常→休学、正常→退学，休学不可直接退学，退学不可直接休学；

• 学籍异动原因：必填项，字符长度要求 100 位字符（含）以内；

• 单击“保存”按钮，保存当前新增内容，关闭当前窗口，回到列表页，这条学生数据“状态”变为所选的学籍异动类型；

• 单击“关闭”“×”按钮，不保存当前新增内容，关闭当前窗口，回到列表页。

模块 2　功能测试用例设计

测试用例就是为特定测试目的而设计的测试条件、测试数据及与之相关的操作过程的一个特定使用实例或场景。测试用例是有效地发现软件缺陷的最小测试单元，即可被独立执行的一个过程，这个过程是一个最小的测试实体，不能再被分解。

测试用例还需要包括期望结果，即验证用户操作软件时系统能否正确地做出响应，输出正确的结果。在测试时，需要将单个测试操作过程之后所产生的实际结果与期望结果进行比较，如果不一致，就预示着可能发现一个缺陷。本模块针对测试用例元素、设计原则、等价类划分法、边界值法等方面进行介绍。

任务 2.1　了解测试用例元素

任务介绍

模块描述中对测试用例进行了定义，通常使用测试用例编号、模块名称、页面位置、测试功能点、测试标题、重要级别、预置条件、输入、执行步骤、预期输出等元素，展示测试用例如何表现及包含哪些内容。本任务针对测试用例元素的使用进行介绍。

任务目标

按照测试用例元素，编写测试用例。

知识储备

1. 测试用例编号

测试用例编号应该具有唯一性、易识别性。

2. 模块名称

当前测试用例所在的测试大类或被测试需求、被测模块、被测单元等。

3. 页面位置

功能所属模块菜单项最后一级页面位置。

4. 测试功能点

所测页面中的某个按钮或某个功能点。

5. 测试标题

测试标题是对测试用例的简单描述，用概括的语言描述该测试用例的测试点。每个测试用例的标题不能重复，因为每个测试用例的测试点是不一样的。

通常测试标题用于说明测试是正确情况还是错误情况，比如针对手机号要求 11 位以 1 开头的数字：

- 正确情况测试标题：手机号正确情况（输入以 1 开头的 11 位数字）
- 错误情况测试标题：手机号错误情况（输入非 1 开头的 11 位数字）
  手机号错误情况（输入以 1 开头的 11 位汉字）
  ……

以上是对于字段的测试情况的测试标题编写，而其他元素如按钮、页面等也有着一些差别。

6. 重要级别

重要级别分为高、中、低三等：

- 高：保证系统基本功能、重要特性、实际使用频率比较高的用例；
- 中：重要程度介于高和低之间的测试用例；
- 低：实际使用频率不高，对系统业务功能影响不大的模块或功能的测试用例。

行业内对于测试用例的重要级别并没有明确的规定，不同公司、不同人对于一条用例的重要级别看法都可能会不一致，属于比较主观性的元素，测试工程师随着编写测试用例数量增加会对测试领域的认知更加全面，会变得较为客观。

7. 预置条件

执行当前测试用例时需要的前提条件，若不满足此前提条件，则无法执行后续测试步骤。前置条件并不是每个用例都需要的，视情况而定。

在预置条件中存在一些特殊的情况，如权限问题，很多业务系统中都存在多角色，不同角色的数据权限和功能权限都存在差别，在编写用例的时候就需要在预置条件中说明登录账号是什么角色从而区分权限。写法如下：

- 正确进入 ×× 页面，角色为超级管理员。

再如，模块关联及数据状态问题，A 模块为民族管理，民族存在正常、禁用状态，B 模块为学生管理，新增学生时需要选择民族下拉框值，对于此下拉框值，在编写新增学生用例时就需要在预置条件中进行说明。写法如下：

- 民族下拉框值正确显示状态正常的值。

当然，有的工程师也会选择将民族下拉框值正确显示、状态正常的值单独编写一条用例，这样就不需要在新增学生用例的预置条件中进行说明。

8. 输入

提供测试执行中的各种输入条件。根据需求中的输入条件，确定测试用例的输入。测试用例的输入对软件需求当中的输入有很大的依赖性，如果软件需求中没有很好地定义需求输入，那么测试用例设计中会遇到很大的障碍。

通常在编写测试用例时输入会写上具体数据，而不是用文字表述。写法如下：

- 手机号：15620202020
- 姓名：张三
- 学号：2012070701
- ……

当然，也存在特殊的情况，比如存在备注字段，要求最多可输入 200 位汉字，当准备编写输入 201 位测试情况的用例时，不可能真的写 201 位字符，这种过长的就可以用文字进行表述，写法如下：

- 备注：输入 201 位汉字。

除字符要求过长，还有一些需要注意的点，在填写具体数据的时候一定要严谨正确。纯汉字、纯数字、纯英文的情况比较简单，组合的情况就要注意，一定要符合测试情况，如某模块存在图书编码字段，要求 1~10 位的英文与数字组合，那么测试正确情况下的输入写法如下：

- 图书编码：asd123

严谨的工程师即使面对输入项多达 10 余种字段时也会严格按照上述要求进行编写，毕竟后续的测试用例大同小异，可以复制，并且在进行系统测试时可以直接将测试用例的输入复制到被测系统的对应项中。

9. 执行步骤

执行当前测试用例的操作步骤，完成测试用例的执行，通常为单击 ×× 按钮。

10. 预期输出

当前测试用例的预期输出结果，用来与实际结果比较，如果相同则该测试用例通过，否则该测试用例失败。预期输出一项的编写需要格外注意。预期输出的情况也比较多样化，很多新手工程师会在预期输出中漏掉一些情况导致测试出错。下面来看两种比较典型的预期输出。

1）页面窗口预期输出

BS、CS 和 App 中页面的元素很多，以 BS 的 Web 端页面元素为例，介绍个人信息页面，页面存在 Title、面包屑、列表、查询框、查询按钮、新增按钮，写法如下：

预期输出：

（1）页面 Title 为：×××；

（2）面包屑为：××—××；

（3）列表表头为：××、××、××、××；

（4）页面存在 ×× 查询框；

（5）页面存在“查询”“新增”按钮。

2）字段正确情况预期输出

正确保存预期输出是很多新编写测试用例工程师容易忽略的一点，往往只是写上正确保存就以为编写完毕，其实后续还有很多连带的反应，保存成功通常会返回到上级页面，并且正确显示新增的数据，这些都是要在预期输出中表现出来的。写法如下：

预期输出：

（1）正确保存，页面返回到上级页面；

（2）列表正确显示新增数据。

如果新增时有状态或者一些自动生成的编码等要求，在预期输出中也应该明确写出。

测试用例元素中最重要的是测试功能点、测试标题、预置条件、输入、执行步骤、预期输出这几项，一条用例测试的什么功能点，准备测试什么情况，要先有什么预置条件才能够进行输入，输入完毕后进行什么执行步骤才能够得到输出，是有前后关系的。

任务实施

实例 1：某系统个人信息页面存在手机号输入项，手机号要求 11 位以 1 开头的数字，分析其中一种情况——输入非 1 开头的 11 位数字，写法如下：

- 测试用例编号：×××××；
- 模块名称：个人信息；
- 页面位置：个人信息列表页；
- 测试功能点：手机号；
- 测试标题：手机号错误情况（输入非 1 开头的 11 位数字）；
- 重要级别：高；
- 预置条件：正确进入个人信息列表页；
- 输入：25620202020；
- 执行步骤：单击“保存”按钮；
- 预期输出：手机号填写错误。

以上为一条用例的写法，测试用例编写时不需要使用比较繁杂的描述，简洁明了、易懂是根本，能够用较少的描述说清楚用例的情况即可。

实例 2：学籍管理系统—学生管理列表页（存在两个角色：教务处老师、院系老师）

单击左侧导航栏中的“学生管理”模块菜单，进入学生管理页面，如图 3-2-1-1 所示。

- 页面 Title 显示“学生管理”；
- 面包屑导航显示“首页 > 学生管理”，单击“首页”可跳转至首页页面；
- 左侧导航栏高亮显示“学生管理”；

- 列表右上方显示“新增学生”按钮；
- 列表字段：序号、学号、姓名、院系、状态、操作（学籍异动）；
- 列表左上方显示院系下拉查询框，“查询”按钮。

教务处老师可查看所有院系数据，不可新增以及学籍异动；院系老师仅能查看所在院系数据，可以新增以及学籍异动。

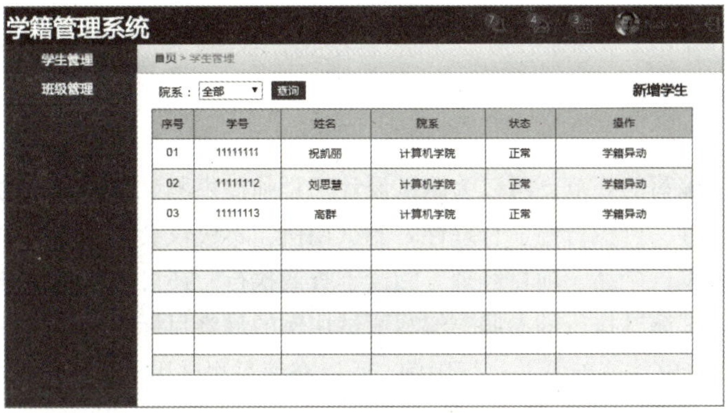

图 3-2-1-1

编写测试用例如表 3-2-1-1 所示。

表 3-2-1-1

用例编号	模块名称	页面位置	测试功能点	测试标题	重要级别	预置条件	输入	执行步骤	预期输出
001	学生管理	学生管理列表页	学生管理列表页	页面正确性验证	高	（1）正确进入学生管理列表页 （2）列表无数据 （3）角色为院系老师	无	无	（1）Title 为：学生管理 （2）面包屑为：首页 > 学生管理 （3）左侧导航栏“学生管理”高亮显示 （4）列表表头为：序号、学号、姓名、院系、状态、操作 （5）页面显示“新增学生”“查询”按钮 （6）页面显示院系查询下拉框，默认显示账号所在院系，且置灰不可修改
002	学生管理	学生管理列表页	学生管理列表页	页面正确性验证	高	（1）正确进入学生管理列表页 （2）列表有数据 （3）角色为院系老师	无	无	（1）Title 为：学生管理 （2）面包屑为：首页 > 学生管理 （3）左侧导航栏“学生管理”高亮显示 （4）列表表头为：序号、学号、姓名、院系、状态、操作 （5）页面显示“新增学生”“查询”“学籍异动”按钮 （6）页面显示院系查询下拉框，默认显示账号所在院系，且置灰不可修改
003	学生管理	学生管理列表页	学生管理列表页	页面正确性验证	高	（1）正确进入学生管理列表页 （2）角色为教务处老师	无	无	（1）Title 为：学生管理 （2）面包屑为：首页 > 学生管理 （3）左侧导航栏“学生管理”高亮显示 （4）列表表头为：序号、学号、姓名、院系、状态、操作 （5）页面显示“查询“按钮 （6）页面显示院系查询下拉框，默认显示全部

可以发现，相对于之前讲解的内容，多了一项列表有无数据的预置条件，这是因为“学籍异动”按钮是在列表中的操作项，若列表无数据则无“学籍异动”按钮，这也是要在用例里进行区分的。

任务 2.2 了解测试用例设计原则

任务介绍

统一测试用例编写的规范，可以为测试设计工程师提供测试用例编写的指导，提高编写的测试用例的可读性、可执行性、合理性。测试用例，不仅仅会被测试工程师阅读和执行，它们也可能会被开发、产品、项目经理等阅读审查或执行，还可能被其他测试工程师或者新员工作为业务学习、测试执行的参照。编写测试用例的最终目标是即使是一个对于产品一无所知的工程师，也能够快速熟悉并执行用例，所以在编写测试用例过程中需要注意一些原则。本任务针对测试用例设计原则进行介绍。

任务目标

了解测试用例设计原则。

知识储备

1. 单个用例覆盖最小化原则

这条原则是最重要的，也是在工程中最容易被忽略的。下面通过实例来说明。假如要测试一个功能 A，它有三个子功能点 A1、A2 和 A3，可以有下面两种方法来设计测试用例：

- 方法 1：用一个测试用例覆盖三个子功能——Test_A1_A2_A3；
- 方法 2：用三个单独的用例分别来覆盖三个子功能——Test_A1、Test_A2、Test_A3。

方法 1 适用于规模较小的工程，对于规模较大和质量要求较高的项目，方法 2 是更好的选择，因为它具有如下优点：

- 测试用例的覆盖边界定义更清晰；
- 测试结果对产品问题的指向性更强；
- 测试用例间的耦合度更低，彼此之间的干扰也就更低。

上述优点所能带来直接好处是，测试用例的调试、分析和维护成本更低。每个测试用例应该尽可能简单，只验证必须验证的内容，不要把其他情况都带进来，否则会增加测试执行阶段的负担和风险。

2. 测试用例替代产品文档功能原则

通常会在开发初期用 Word 文档记录产品的需求、功能描述，以及当前所能确定的细节等信息，勾勒将要实现功能的样貌，便于团队进行交流和细化，并在团队内对产品功能达成共识。

假设在此时达成共识后描述的功能为 A，随着产品开发深入，团队会对产品的功能有更新的认识，产品功能也会被更加具体细化，在一个迭代结束的时候最终实现的功能很可能是 A+。如此往复，不断倾听和吸收用户的反馈，修改产品功能，多次迭代过后，原本被描述为 A 的功能很可能最终变为 Z。这时候再去看曾经的 Word 文档却仍然记录的是 A。之所以会这样，是因为很少有人会去（以及能够去）不断更新那些文档，以准确反映产品功能当前的准确状态。不是不想去做，而是确实很难。这里需要注意早期的 Word 文档还是必要的，它至少能保证在迭代初期团队对要实现的功能有一致和准确的认识。

什么能够一直准确地描述产品的功能吗？当然有，那就是产品代码和测试用例。产品代码实现产品功能，它必然可以准确描述产品的当前功能，但是由于各种编程技术，如面向对象、抽象、设计模式、资源文件等，使得产品代码很难简单地读懂，往往是在知道产品功能的前提下去读代码，而不是反过来通过代码来了解功能。好的代码会有详细的注释，但这里的注释是对实现代码的解释和备注，并不是对产品功能的描述。

测试也应该忠实反映产品功能，否则测试用例就会执行失败。以往大多只是把测试用例当作测试用例，其实对测试用例的理解应该再上升到另一个高度，它应该是能够产品描述文档。这就要求编写的测试用例足够详细，测试用例的组织要有调理、分主次。单靠 Word、Excel 这样通用的工具是远远无法完成的，需要更多专用的测试用例管理工具来辅助。

此外，对于自动化测试用例（无论是 API 或者 UI 级别的）而言，代码在编写上也应该有别于产品代码编写风格，可读性和描述性应该是重点考虑的内容。在测试代码中，可以引入面向对象、设计模式等优秀的设计思想，但是要适度使用，往往面向过程的编码方式更利于组织、阅读和描述。

任务 2.3 等价类划分法运用

任务介绍

等价类划分法将程序所有可能的输入数据（有效的和无效的）划分成若干等价类；然后从每个部分中选取具有代表性的数据作为测试用例进行合理的分类，测试用例由有效等价类和无效等价类的代表组成，从而保证测试用例具有完整性和代表性。利用这一方法设计测试用例可以不考虑程序的内部结构，而是以需求规格说明书为依据，选择适当的典型子集，认真分析和推敲说明书的各项需求，特别是功能需求，尽可能多地发现错误。等价类划分法是一种系统性地确定要输入的测试条件的方法。本任务针对等价类划分法如何使用进行介绍。

任务目标

掌握等价类划分法使用场景。

知识储备

由于等价类是在需求规格说明书的基础上进行划分的，并且等价类划分不仅可以用来确定测试用例中数据输入 / 输出的精确取值范围，也可以用来准备中间值、状态和与时间相关的数据以及接口参数等，所以等价类可以用在系统测试、集成测试和组件测试中。在有明确的条件和限制的情况下，利用等价类划分技术可以设计出完备的测试用例。这种方法可以减少设计一些不必要的测试用例，因为这种测试用例一般使用相同的等价类数据，从而使测试对象做出同样的反应行为。等价类划分的方法分为两个主要的步骤，划分等价类型和设计测试用例。

1. 等价类的类型

1）有效等价类

有效等价类指对于程序规格说明来说是合理的、有意义的输入数据构成的集合。利用有效等价类可以检验程序是否实现规格说明预先规定的功能和性能。有效等价类可以是一个，也可以是多个，根据系统的输入域划分为若干部分，然后从每个部分中选取少数有代表性数据作为数据测试的测试用例，等价类是输入域的集合。

2）无效等价类

无效等价类是指对于软件规格说明而言没有意义的、不合理的输入数据集合。利用无效等价类，可以找出程序异常说明情况，检查程序的功能和性能的实现是否有不符合规格说明要求的地方。

2. 等价类划分的方法

- 按区间划分；
- 按数值划分；
- 按数值集合划分；
- 按限制条件或规划划分；
- 按处理方式划分。

3. 等价类划分的原则

- 在输入条件规定的取值范围或值的个数的情况下，可以确定一个有效等价类和两个无效等价类；
- 在规定输入数据的一组值中（假定有 n 个值），并且程序要对每个输入值分别处理的情况下，可以确定 n 个有效等价类和一个无效等价类；
- 在规定输入数据必须遵守的规则的情况下，可以确定一个有效等价类和若干无效等价类；
- 在输入条件规定输入值的集合或规定“必须如何”的条件下，可以确定一个有效等价类和一个无效等价类；
- 在确定已划分的等价类中各元素在程序处理中的方式不同的情况下，应将该等价类进一步地划分为更小的等价类。

任务实施

实例 1：图书管理系统—图书管理—新增图书—图书管理者电话字段，11 位数字，必填。

根据等价类划分法：

有效等价类：11 位数字。

无效等价类：（1）<11 位数字；

（2）>11 位数字；

（3）为空；

（4）含有英文；

（5）含有汉字；

（6）含有特殊符号。

实例 2：图书管理系统—图书管理—新增图书—图书编号字段，6 ~ 20 位数字，必填。根据等价类划分法：

有效等价类：6 ≤图书编号≤ 20，数字。

无效等价类：（1）＜ 6 位数字；

（2）＞ 20 位数字；

（3）为空；

（4）含有英文；

（5）含有汉字；

（6）含有特殊符号。

任务 2.4 边界值法运用

任务介绍

边界值分析法就是对输入或输出的边界值进行测试的一种黑盒测试方法。通常边界值分析法是作为对等价类划分法的补充，这种情况下，其测试用例来自等价类的边界。长期的测试工作经验表明，大量错误发生在输入 / 输出范围的边界上，而不是发生在输入 / 输出范围的内部，因此针对各种边界情况设计测试用例可以查出更多的错误。本任务针对边界值法的使用进行介绍。

任务目标

掌握边界值法使用场景。

任务实施

实例 1：图书管理系统—图书管理—新增图书—图书管理者电话字段，11 位数字，必填。根据边界值法：

有效边界值：11 位数字；

无效边界值：（1）12 位数字；

（2）10 位数字。

实例 2：图书管理系统—图书管理—新增图书—图书编号字段，6 ~ 20 位数字，必填。根据边界值法：

有效边界值：（1）6 位数字；

（2）20 位数字。

有效次边界值：（1）7 位数字；

（2）19 位数字。

无效边界值：（1）5 位数字；

（2）21 位数字。

任务 2.5 等价类划分法与边界值法运用

任务介绍

在进行等价类分析时，往往先要确定边界。如果不能确定边界，就很难定义等价类所在的区域。只有边界值确定下来，才能划分出有效等价类和无效等价类。边界确定清楚，等价类就自然产生，边界值分析法是等价类划分法的补充，在测试中，会将两种方法结合起来共同使用。

边界值分析与等价划分的区别：

- 边界值分析不是从某等价类中随便挑一个作为代表，而是使这个等价类的每个边界都要作为测试条件；
- 边界值分析不仅考虑输入条件，还要考虑输出空间产生的测试情况。

本任务针对等价类划分法与边界值法的混合使用进行介绍。

任务目标

掌握等价类划分法与边界值法混合使用场景。

任务实施

实例：图书管理系统—图书管理—新增图书—图书编号字段，6 ~ 20 位数字，必填。根据等价类划分法与边界值法结合：

有效：（1）6 位数字；（边界值法）

（2）20 位数字；（边界值法）

（3）7 位数字；（边界值法）

（4）19 位数字。（边界值法）

无效：（1）5 位数字；（边界值法）

（2）21 位数字；（边界值法）
（3）为空；
（4）含有英文；
（5）含有汉字；
（6）含有特殊符号。

任务 2.6 因果图 / 决策表法运用

任务介绍

等价类划分和边界值分析测试方法都着重于考虑程序的单项输入条件，但并未考虑输入条件之间的联系或组合情况。当需要关注程序输入条件之间的相互关系及相互组合时，会产生信息的复杂情况。因为测试要检查程序输入条件的组合关系并不容易，即使将所有的输入条件都划分为一个个等价类，它们之间复杂的组合情况仍难以用等价类来描述，此时依然运用等价类划分和边界值的方法进行测试用例的设计很困难。

因此，需要考虑采用一种适合描述多种输入条件且在具有组合的情形下设计测试用例的方法。因果图是一种以因果逻辑关系的图示模型来描述可能的输入条件的组合关系，以及可能产生的相应动作（输出结果）的情形的方法。这个方法的实质是从程序规格说明（需求）的描述中找出因（输入条件）与果（输出结果或程序状态改变）的关系。本任务针对因果图 / 决策表法的使用进行介绍。

任务目标

掌握因果图 / 决策表法使用场景。

知识储备

1. 因果图

因果图使用四种简单的逻辑符号，以直线连接左、右节点。左节点表示输入状态（或称原因），右节点表示输出状态（或称结果）。因果图中用符号形式分别表达软件规格说明中的四种因果关系，如图 3-2-6-1 所示。

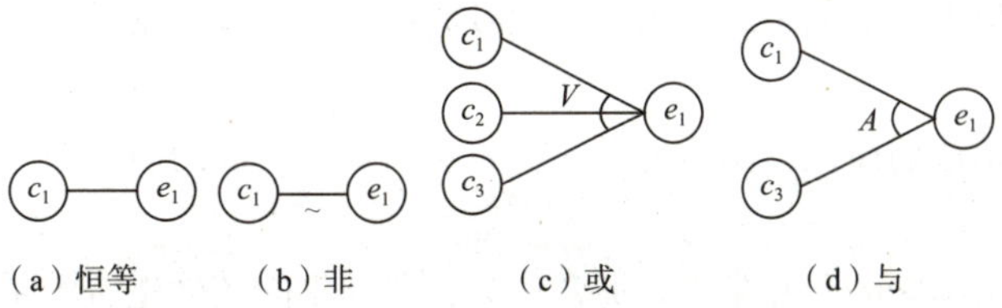

图 3-2-6-1

图 3-2-6-1 中，c_1 表示原因，通常位于图左部；e_1 表示结果，通常位于图右部。c_1 与 e_1 取值 0 或 1，0 表示某个状态不出现，1 表示某个状态出现。

- 恒等：若 c_1 是 1，则 e_1 也是 1；若 c_1 是 0，则 e_1 是 0；
- 非：若 c_1 是 1，则 e_1 是 0；如 c_1 是 0，则 e_1 是 1；
- 或：若 c_1 或 c_2 或 c_3 是 1，则 e_1 是 1；若 c_1、c_2 和 c_3 都是 0，则 e_1 是 0；
- 与：若 c_1 和 c_2 都是 1，则 e_1 为 1；否则 e_1 是 0。

在实际问题中，输入状态相互之间还可能存在某些依赖关系，这称为“约束”。例如，某些输入条件本身不可能同时出现，而输出状态之间也往往存在约束。在因果图中，采用特定符号来表明这些约束，如图 3-2-6-2 所示。

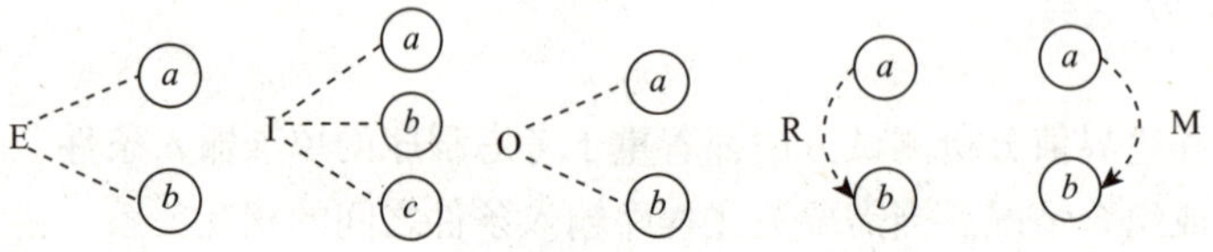

（a）异　（b）或　（c）唯一　（d）要求　（e）强制

图　3-2-6-2

对于输入条件的约束有四种：

- E 约束（异）：a 和 b 中最多有一个可能为 1，即 a 和 b 不能同时为 1；
- I 约束（或）：a、b、c 中至少有一个必须是 1，即 a、b、c 不能同时为 0；
- O 约束（唯一）：a 和 b 必须有一个且仅有一个为 1；
- R 约束（要求）：a 是 1 时，b 必须是1，即 a 是 1 时，b 不能是 0。

对于输出条件的约束只有 M 约束一种：

- M 约束（强制）：假如结果 a 是 1，则结果 b 强制为 0。

运用因果图法描述输入条件的组合情形，最终目的是要生成相应的决策表（也称判定表），并由此设计生成测试用例，其基本步骤如下：

（1）根据程序规则说明描述的语义内容，分析并确定“因”和“果”，即哪些是原因，哪些是结果，并给每个原因和结果赋予一个标识符。原因通常为输入条件或输入条件的组合，结果可能为带有约束的输出条件；

（2）找出原因与结果之间、原因与原因之间对应的组合关系。根据这些关系，构造并画出因果图。

由于语法或环境限制，有些原因与原因之间、原因与结果之间的组合情况不可能会出现。为表明这些特殊的情形，在因果图上用一些记号表明其约束或限制条件。

2. 决策表

决策表是因果图法的简化，本质上是一种方法，根据生成的因果图生成判定表。

决策表的构成：

- 条件桩：列出问题的所有条件。通常认为，所列出的条件先后次序无关紧要。
- 动作桩：列出问题规定的可能采取的操作。对这些操作的排列顺序没有约束。

- 条件项：针对条件桩给出的条件列出所有可能的取值。
- 动作项：列出在条件项的各种取值情况下应采取的动作。

根据决策表的构成原则，可划分出条件桩、动作桩、条件项、动作项如表 3-2-6-1 所示。

表 3-2-6-1

条件和动作	规则 1	规则 2	规则 3	…	规则 n
条件桩					
条件 1			条件项		
条件 2		条件项			
…					
条件 n					
动作桩					
动作 1				动作项	
动作 2			动作项		
…					
动作 n					

任务实施

实例：地铁站的充值系统，已插入卡，投多少钱充值多少金额。

（1）找到所有的输入条件（因），并编号：

a. 投币 50 元；

b. 投币 100 元；

c. 充值 50 元；

d. 充值 100 元。

（2）找到所有的输出结果（果），并编号：

A. 提示充值成功；

B. 退卡；

C. 找零；

D. 错误提示，并退卡。

（3）在步骤（1）的基础上，找出输入的组合关系和限制关系：

①输入 a 和 c 组合；

②输入 a 和 d 组合；

③输入 b 和 c 组合；

④输入 b 和 d 组合；

⑤分别单独输入 a、b、c、d；

⑥输入 a 和 b，不能组合（互斥）；

⑦输入 c 和 d，不能组合（互斥）。

（4）找出什么样的输入组合会产生怎样的输出结果组合，写出因果关系：

情况 1：输入①，会输出（A）和（B）组合；

情况 2：输入②，会输出（C）和（D）组合；

情况 3：输入③，会输出（A）、（C）、（B）组合；

情况 4：输入④，会输出（A）和（B）组合；

情况 5：分别单独输入 a、b、c、d，会输出（D）；

情况 6：输入 a 和 b 组合，无输出；

情况 7：输入 c 和 d 组合，无输出。

（5）根据以上因果关系，得出因果图，如图 3-2-6-3 所示，图中 10、11、12、13 为中间键。

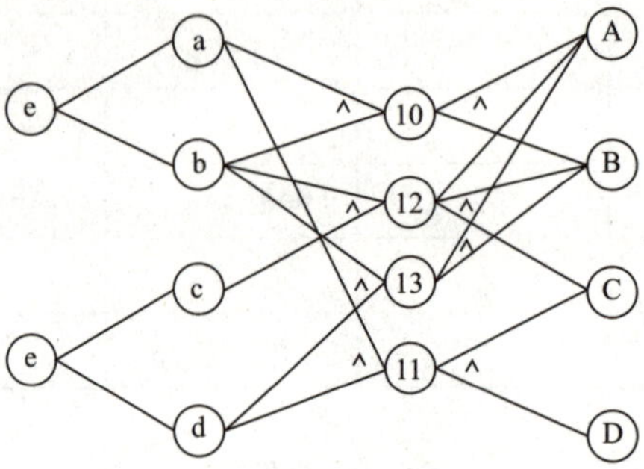

图 3-2-6-3

根据因果图，做出对应决策表，如表 3-2-6-2 所示（1 代表程序取真值，0 代表程序取假值）。

表 3-2-6-2

条件和动作	1	2	3	4	5	6	7	8	9	10
条件桩	—	—	—	—	—	—	—	—	—	—
a	1	1	0	0	1	0	0	0	1	0
b	0	0	1	1	0	1	0	0	1	0
c	1	0	1	0	0	0	1	1	0	1
d	0	1	0	1	0	0	0	0	0	1
动作桩	—	—	—	—	—	—	—	—	—	—
A	1	0	1	1	0	0	0	0	0	0
B	1	0	1	1	0	0	0	0	0	0
C	0	1	1	0	0	0	0	0	0	0
D	0	1	0	0	1	1	1	1	0	0

任务 2.7 测试用例编写

视频
测试用例编写

任务介绍

前文讲解了测试用例包含的元素以及各种测试用例设计方法，结合需求分析，现在可以进行测试用例的编写工作。本任务针对测试用例如何编写进行介绍。

任务目标

根据需求说明，设计测试用例。

任务实施

针对以下需求，使用测试用例设计方法设计测试用例：人力资源综合服务系统—类别维护—岗位类别模块需求说明，如图 3-2-7-1 和图 3-2-7-2 所示。

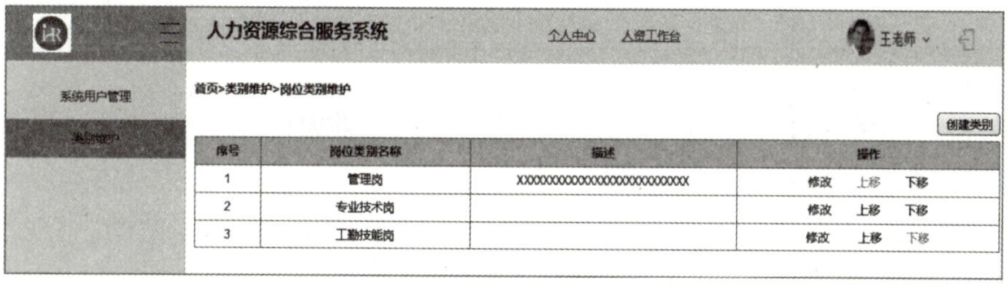

图 3-2-7-1

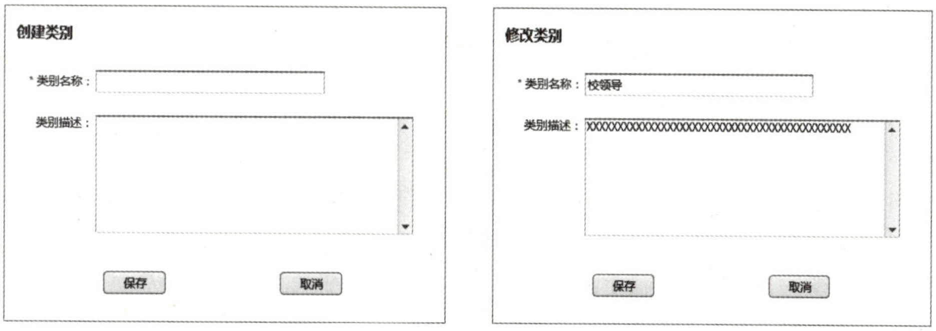

图 3-2-7-2

1. 岗位类别管理列表页

单击左侧导航栏中的“岗位类别”模块菜单，进入岗位类别管理页面。

- 页面 Title 显示“岗位类别”；
- 面包屑导航显示“首页 > 类别维护 > 岗位类别”，单击“首页”可跳转至首页页面；

- 列表字段：序号、岗位类别名称、描述、操作（修改、上移、下移）；
- 列表不含翻页。

2. 创建类别（注意，必填项使用红色星号“*”标注）

在岗位类别列表页，单击“创建类别”按钮，弹出“创建类别”窗口。

- 类别名称：必填项，与系统内的岗位类别名称不能重复，字符长度要求 50 字符（含）以内；
- 类别描述：非必填项，字符长度要求 240 字符（含）以内；
- 单击“保存”按钮，保存当前新增内容，关闭当前窗口，回到列表页，在列表页新增一条记录；
- 单击“关闭”按钮，不保存当前新增内容，关闭当前窗口，回到列表页。

3. 修改（注意，必填项使用红色星号“*”标注）

在岗位类别列表页，单击“修改”按钮，弹出“修改类别”窗口。

- 类别名称：必填项，带入原值，修改时与系统内的岗位类别名称不能重复，字符长度要求 50 位字符（含）以内；
- 类别描述：非必填项，带入原值，字符长度要求 240 字符（含）以内；
- 单击“保存”按钮，保存当前编辑内容，关闭当前窗口，回到列表页，列表页相应内容随之更新；
- 单击“关闭”按钮，不保存当前编辑内容，关闭当前窗口，回到列表页，列表页相应内容前后不变。

4. 上移

在岗位类别列表页，使用“上移”功能可改变记录的排序。

- 首条记录后的“上移”按钮置灰；
- 对于非首条记录，每单击一次操作栏“上移”按钮，该记录可向上移动一位，可一直移动到首位。

5. 下移

在岗位类别列表页，使用“下移”功能可改变记录的排序。

- 在末条记录后的“下移”按钮置灰；
- 对于非末条记录，每单击一次操作栏“下移”按钮，该记录可向下移动一位，可一直移动到末位；

注意：上移、下移的操作用于调整在列表页以及引用模块岗位类别的展示顺序。

编写测试用例如表 3-2-7-1 所示。

表 3-2-7-1

测试用例编号	模块名称	页面位置	测试功能点	测试标题	重要级别	预置条件	输入	执行步骤	预期输出
001	类别维护—岗位类别	岗位类别页面	验证岗位类别菜单功能	验证岗位类别菜单功能	中	正确进入首页列表无数据	无	单击类别维护—岗位类别菜单	（1）进入岗位类别管理页面 （2）页面Title显示“岗位类别维护” （3）面包屑导航显示“首页＞类别维护＞岗位类别” （4）列表字段：序号、岗位类别名称、描述、操作 （5）显示“创建类别”按钮
002	类别维护—岗位类别	岗位类别页面	验证岗位类别菜单功能	验证岗位类别菜单功能	中	（1）正确进入首页 （2）列表有数据	无	单击类别维护—岗位类别菜单	（1）进入岗位类别管理页面 （2）页面Title显示“岗位类别维护” （3）面包屑导航显示“首页＞类别维护＞岗位类别” （4）列表字段：序号、岗位类别名称、描述、操作（修改、上移、下移） （5）显示“创建类别”按钮
003	类别维护—岗位类别	岗位类别页面	验证导航—首页跳转功能	验证首页跳转功能	中	正确进入岗位类别维护页面	无	单击导航—首页	跳转到首页页面
004	类别维护—岗位类别	岗位类别页面	验证创建类别功能	验证创建类别按钮功能	中	正确进入岗位类别维护页面	无	单击“创建类别”按钮	（1）弹出创建类别对话框 （2）标题：创建类别 （3）显示：类别名称、类别描述输入项 （4）显示“保存”“取消”“×”按钮 （5）必填项：类别名称使用红色星号“*”标注
005	类别维护—岗位类别	岗位类别页面	验证创建类别功能	验证正确创建类别	高	正确弹出创建类别窗口	（1）类别名称：类 （2）类别描述：	单击“保存”按钮	（1）提示创建类别成功 （2）返回岗位类别维护页面 （3）列表中显示创建成功的类别信息

续表

测试用例编号	模块名称	页面位置	测试功能点	测试标题	重要级别	预置条件	输入	执行步骤	预期输出
006	类别维护—岗位类别	岗位类别页面	验证创建类别功能	验证正确创建类别	高	正确弹出创建类别窗口	（1）类别名称：输入 50 位字符 （2）类别描述：输入 240 位字符	单击“保存”按钮	（1）提示创建类别成功 （2）返回岗位类别维护页面 （3）列表中显示创建成功的类别信息
007	类别维护—岗位类别	岗位类别页面	验证创建类别功能	验证类别名称错误（为空）	中	正确弹出创建类别窗口	（1）类别名称： （2）类别描述：测试创建类别	单击“保存”按钮	提示：请输入类别名称
008	类别维护—岗位类别	岗位类别页面	验证创建类别功能	验证类别名称错误（重复）	中	正确弹出创建类别窗口	（1）类别名称：输入岗位类别下已存在的类别名称 （2）类别描述：测试创建类别	单击“保存”按钮	提示：类别名称已存在
009	类别维护—岗位类别	岗位类别页面	验证创建类别功能	验证类别名称包含数字、字母、汉字、特殊字符	中	正确弹出创建类别窗口	（1）类别名称测试 aa111：“《 （2）类别描述：测试创建类别	单击“保存”按钮	（1）提示创建类别成功 （2）返回岗位类别维护页面 （3）列表中显示创建成功的类别信息
010	类别维护—岗位类别	岗位类别页面	验证创建类别功能	验证类别名称错误（超过 50 位字符）	中	正确弹出创建类别窗口	（1）类别名称：输入 51 位字符 （2）类别描述：测试创建类别	单击“保存”按钮	提示：类别名称长度不能超过 50 位字符
011	类别维护—岗位类别	岗位类别页面	验证创建类别功能	验证类别描述包含数字、字母、汉字、特殊字符	中	正确弹出创建类别窗口	（1）类别名称：软件测试组长 （2）类别描述：测试创建类别测试 aa111：“《	单击“保存”按钮	（1）提示创建类别成功 （2）返回岗位类别维护页面 （3）列表中显示创建成功的类别信息
012	类别维护—岗位类别	岗位类别页面	验证创建类别功能	验证类别描述错误（超过 240 位字符）	中	正确弹出创建类别窗口	（1）类别名称：软件测试 （2）类别描述：输入 241 位字符	单击“保存”按钮	提示：类别描述长度不能超过 240 字符
013	类别维护—岗位类别	岗位类别页面	验证创建类别功能	验证“取消”按钮功能	中	正确弹出创建类别窗口	（1）类别名称：测试创建类别 （2）类别描述：	单击“取消”按钮	不创建类别，返回岗位类别维护页面
014	类别维护—岗位类别	岗位类别页面	验证创建类别功能	验证“×”按钮功能	中	正确弹出创建类别窗口	（1）类别名称：测试创建类别 （2）类别描述：	单击“×”按钮	不创建类别，返回岗位类别维护页面

续表

测试用例编号	模块名称	页面位置	测试功能点	测试标题	重要级别	预置条件	输入	执行步骤	预期输出
015	类别维护—岗位类别	岗位类别页面	验证修改类别功能	验证“修改”按钮功能	中	正确进入岗位类别维护页面	无	单击“类别”列表中的修改按钮	（1）弹出修改类别弹框，带入原值 （2）标题：创建类别 （3）显示：类别名称、类别描述输入项 （4）显示“保存”“取消”“×”按钮 （5）必填项：类别名称使用红色星号“*”标注
016	类别维护—岗位类别	岗位类别页面	验证修改类别功能	验证正确修改类别	高	正确弹出修改类别窗口	（1）类别名称：类 （2）类别描述：	单击“保存”按钮	（1）提示修改类别成功 （2）返回岗位类别维护页面 （3）列表中显示修改成功的类别信息
017	类别维护—岗位类别	岗位类别页面	验证修改类别功能	验证正确修改类别	高	正确弹出修改类别窗口	（1）类别名称：输入 50 位字符 （2）类别描述：输入 240 位字符	单击“保存”按钮	（1）提示修改类别成功 （2）返回岗位类别维护页面 （3）列表中显示修改成功的类别信息
018	类别维护—岗位类别	岗位类别页面	验证修改类别功能	验证类别名称错误（为空）	中	正确弹出修改类别窗口	（1）类别名称： （2）类别描述：测试修改类别	单击“保存”按钮	提示：请输入类别名称
019	类别维护—岗位类别	岗位类别页面	验证修改类别功能	验证类别名称错误（重复）	中	正确弹出修改类别窗口	（1）类别名称：输入岗位类别下已存在的类别名称 （2）类别描述：测试修改类别	单击“保存”按钮	提示：类别名称已存在
020	类别维护—岗位类别	岗位类别页面	验证修改类别功能	验证类别名称包含数字、字母、汉字、特殊字符	中	正确弹出修改类别窗口	（1）类别名称:测试 aa11：“《 （2）类别描述：测试修改类别	单击“保存”按钮	（1）提示修改类别成功 （2）返回岗位类别维护页面 （3）列表中显示修改成功的类别信息
021	类别维护—岗位类别	岗位类别页面	验证修改类别功能	验证类别名称错误（超过 50 位字符）	中	正确弹出修改类别窗口	（1）类别名称：输入 51 位字符 （2）类别描述：测试修改类别	单击“保存”按钮	提示：类别名称长度不能超过 50 字符
022	类别维护—岗位类别	岗位类别页面	验证修改类别功能	验证类别描述包含数字、字母、汉字、特殊字符	中	正确弹出修改类别窗口	（1）类别名称:软件测试组长 （2）类别描述：测试修改类别测试 aa11：“《	单击“保存”按钮	（1）提示修改类别成功 （2）返回岗位类别维护页面 （3）列表中显示修改成功的类别信息

测试用例编号	模块名称	页面位置	测试功能点	测试标题	重要级别	预置条件	输入	执行步骤	预期输出
023	类别维护—岗位类别	岗位类别页面	验证修改类别功能	验证类别描述错误（超过 240 位字符）	中	正确弹出修改类别窗口	（1）类别名称：软件测试 （2）类别描述：输入 241 位字符	单击“保存”按钮	提示：类别描述长度不能超过 240 字符
024	类别维护—岗位类别	岗位类别页面	验证修改类别功能	验证取消按钮功能	中	正确弹出修改类别窗口	（1）类别名称：测试修改类别 （2）类别描述：	单击“取消”按钮	不修改类别，返回岗位类别维护页面
025	类别维护—岗位类别	岗位类别页面	验证修改类别功能	验证 × 按钮功能	中	正确弹出修改类别窗口	（1）类别名称：测试修改类别 （2）类别描述：	单击“×”按钮	不修改类别，返回岗位类别维护页面
026	类别维护—岗位类别	岗位类别页面	验证上移功能	验证首条记录的上移按钮置灰	中	正确进入岗位类别维护页面	无	查看列表中首条记录的上移按钮	按钮置灰
027	类别维护—岗位类别	岗位类别页面	验证上移功能	验证非首条记录上移功能	中	正确进入岗位类别维护页面	无	单击非首条记录的上移按钮	记录向上移动一位
028	类别维护—岗位类别	岗位类别页面	验证下移功能	验证末条记录的下移按钮置灰	中	正确进入岗位类别维护页面	无	查看列表中末条记录的下移按钮	按钮置灰
029	类别维护—岗位类别	岗位类别页面	验证下移功能	验证非末条记录下移功能	中	正确进入岗位类别维护页面	无	单击非末条记录的下移按钮	记录向下移动一位

可以发现 005、006 这两条测试正确保存情况时的用例使用边界值法，005 中类别名称取 1 位，类别描述取 0 位，006 中类别名称取 50 位，类别描述取 240 位，充分地利用了等价类划分法与边界值法。

任务 2.8 测试用例评审

任务介绍

在介绍测试用例评审前，先对软件产品生命周期中的三个评审进行介绍。

（1）产品设计评审：产品经理完成原型图或需求说明书后会邀请开发工程师与测试工程师进行产品设计评审，对原型图进行解读，让开发工程师和测试工程师对产品有大致的认识，对问题进行讨论。产品经理可以回顾产品设计是否存在问题。由于开发工程师与测试工程师所站的角度不同。可能会发现一些产品经理不容易想到的问题。

（2）开发设计评审：开发工程师完成详细设计后会邀请产品经理与测试工程师进行开发设计评审，对根据原型图进行的数据库设计、总体设计、详细设计进行解读，让产品经理和测试工程师对系统内部结构有大致的认识，对问题进行讨论。开发工程师可以回顾系统设计是否存在问题，产品经理可以回顾产品设计是否存在问题。由于产品经理与测试工程师所站的角度不同，可能会发现一些开发工程师不容易想到的问题。

（3）测试用例评审：测试工程师完成测试用例编写后，会邀请产品经理和开发工程师进行测试用例评审，对测试用例进行解读，对问题进行讨论。测试工程师可以发现测试用例设计时是否存在问题，开发工程师可以回顾开发过程中是否存在问题，产品经理可以回顾产品设计是否存在问题。测试用例是将产品规则拆分为的最小单位，更容易发现一些细节问题。本任务针对测试用例评审进行介绍。

任务目标

了解测试用例评审流程。

知识储备

软件产品生命周期中的三个评审的目的基本一致：

- 发现软件在功能、逻辑、实现上的错误；
- 验证软件符合需求规格；
- 确认软件符合预先定义的开发规范和标准；
- 保证软件在统一的模式下进行开发；
- 便于项目管理。

下面对测试用例评审进行详细说明。

1. 评审内容

- 用例设计的结构安排是否清晰、合理，是否利于高效对需求进行覆盖。
- 优先级安排是否合理。
- 是否覆盖测试需求中的所有功能点。
- 用例是否具有很好的可执行性。例如，用例的前提条件、执行步骤、输入数据和期待结果是否清晰、正确；期待结果是否有明显的验证方法。
- 是否已经删除冗余用例。
- 是否包含充分的负面测试用例。所谓充分，是指如果在这里使用 2&8 法则，那就是 4 倍于正面用例的数量，毕竟一个健壮的软件，其中 80% 的代码都是在“保护” 20% 的功能实现。
- 是否从用户层面来设计用户使用场景和使用流程的测试用例。
- 是否简洁，复用性强。例如，可将重复度高的步骤或过程抽取出来定义为一些可复用标准步骤。

2. 评审准备

开始前应做好如下准备：

- 确定需要评审的原因；
- 确定进行评审的时机；
- 确定参与评审人员；

- 明确评审的内容；
- 确定评审结束标准；
- 提前至少一天将需要评审的内容以邮件形式发送给评审会议相关人员，并注明详审时间、地点及参与人员等；
- 在邮件中提醒评审会议相关人员至少简读一遍评审内容，并记录相关疑问，以便在评审会议上提出；
- 会议主持者（一般为用例编写人员）应在会议前整理相关疑问，以便在会议上提出。

3. 开始评审

- 先做简单的业务流程介绍，这尤为重要。其他工程师可能不了解测试思路，因此需要先做简单的需求业务流程介绍，说明打算如何去做评审。
- 按模块进行。可以简单介绍有哪些模块，每个模块评审的时候按测试项分类：UI、核心功能、基础功能、边界测试、兼容测试和异常测试等。
- 按业务流程进行。业务流程性较强的需求，要按照一定业务场景和逻辑顺序进行讲解。
- 按测试数据进行。涉及计算逻辑、收益、报表等需求时，用例编写会先规划好测试数据。尽管测试数据也是按不同的业务场景来设计的，但直接用测试数据来评审测试点会更清晰，开发工程师和产品经理会对应自己的产品设计和开发设计去评审测试点是否有不合理或覆盖率不全之处，从而有效地评审测试用例。
- 与会者在相关人员讲解后给出意见和建议，同时详细记录评审过程。

4. 评审完毕

评审完毕后，依据评审结果判断测试用例是否需要修改。修改完毕或确认不修改后开展系统测试工作。在被测系统中逐条执行测试用例，判断被测系统的实际结果是否与测试用例中的预期结果一致。若一致，则这条测试用例通过；若不一致，则不通过并产生缺陷（Bug），交开发工程师进行修改。

模块综合练习　功能测试用例设计

文本
模块综合练习　功能测试用例设计

阅读以下需求说明书，运用测试用例设计方法，编写测试用例，如图 3-2-9-1 和图 3-2-9-2 所示。

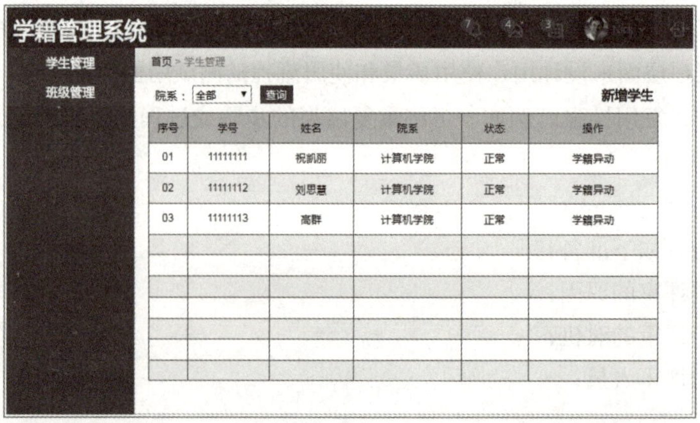

图 3-2-9-1

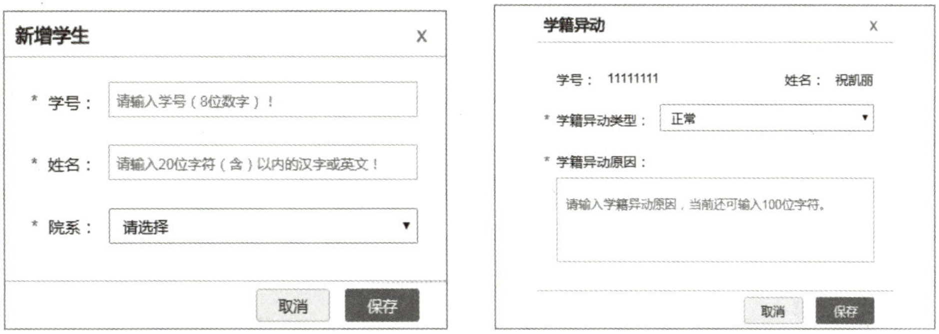

图 3-2-9-2

1. 学生管理列表页（存在两个角色：教务处老师、院系老师）

单击左侧导航栏中的“学生管理”模块菜单，进入学生管理页面。

- 页面 Title 显示“学生管理”；
- 面包屑导航显示“首页 > 学生管理”，单击“首页”可跳转至首页页面；
- 左侧导航栏“学生管理”高亮显示；
- 列表上方显示“新增学生”按钮；
- 列表左上方显示院系下拉查询框和“查询”按钮；
- 列表字段：序号、学号、姓名、院系、状态、操作（学籍异动）；

教务处老师可查看所有院系数据，不可新增以及学籍异动；院系老师仅能查看所在院系数据，可以新增以及学籍异动。

2. 新增学生（注意，必填项使用红色星号“*”标注）

在学生管理列表页，单击“新增学生”按钮，打开“新增学生”页面。

- 学号：必填项，与系统内的学号不能重复，字符长度要求 8 位，字符类型数字；
- 姓名：必填项，字符长度要求 20 字符（含）以内，字符类型汉字、英文；
- 院系：必填项，下拉框值正确显示院系管理中的已启用的数据；
- 单击“保存”按钮，保存当前新增内容，关闭当前窗口，回到列表页，在列表页新增一条记录，“状态”项默认正常；
- 单击“关闭”“×”按钮，不保存当前新增内容，关闭当前窗口，回到列表页。

3. 学籍异动（注意，必填项使用红色星号“*”标注）

在学生管理列表页，单击一条数据操作中的“学籍异动”按钮，弹出“学籍异动”窗口。

- 学籍异动类型：必填项，默认显示当前状态，下拉框值正确显示：正常、休学、退学，状态变化限制：正常→休学、正常→退学、休学不可直接退学，退学不可直接休学；
- 学籍异动原因：必填项，字符长度要求 100 位字符（含）以内；
- 单击“保存”按钮，保存当前新增内容，关闭当前窗口，回到列表页，这条学生数据“状态”变为所选的学籍异动类型；
- 单击“关闭”“×”按钮，不保存当前新增内容，关闭当前窗口，回到列表页。

模块 3　功能测试用例执行

软件缺陷（Software Defect）又称 Bug，是计算机软件或程序中存在的某种破坏正常运行能力的问题、错误，或者隐藏的功能缺陷。软件缺陷会导致软件产品在某种程度上不能满足用户的需要。在执行测试用例过程中，如实际表现结果与测试用例预期结果不一致，那么就可以视为软件缺陷。本模块针对缺陷定义、缺陷产生原因、缺陷元素等方面的功能测试用例执行进行介绍。

任务 3.1　了解缺陷定义

任务介绍

IEEE 729—1983 对缺陷有一个标准的定义：从产品内部看，缺陷是软件产品开发或维护过程中存在的错误、毛病等各种问题；从产品外部看，缺陷是系统所需要实现的某种功能的失效或违背。本任务针对缺陷定义进行介绍。

任务目标

了解缺陷基本情况。

知识储备

缺陷表达的方式比较多样，这里为大家介绍 IEEE 729—1983 标准中对软件缺陷所下的定义：

- 软件没有实现需求说明书所描述的功能；
- 软件实现需求说明书中描述的不应有的功能；
- 软件执行需求说明书没讲的操作；
- 软件没有实现需求说明书没讲但应该实现的功能；
- 从测试工程师的角度看，软件难以理解、不易使用、运行缓慢，或者最终用户认为不对。

为什么一个定义要这么多条来描述，“缺陷”的定义有这么复杂吗？它其实并不复杂，只是能够将缺陷的多样化比较全面地展示出来。

下面来以建一栋房子为例，来说明每一条定义的意思。需要说明的是，没有完美且一成不变的需求说明书，在实际项目中，它可能非常简陋、模棱两可，甚至经常变动。

（1）软件没有实现需求说明书所描述的功能：房子的主人希望有一个落地的大窗户，让阳光更好地照进屋子里，而且特意在房子的设计图纸中画了出来，并且加以说明。结果，他看到的是四面全是墙壁、只有一个小门的房子。那么对于测试工程师来说，它就是一个缺陷。

（2）软件实现需求说明书中描述的不应有的功能：由于房子的主人生活在南方，天气温暖，而请来的泥瓦匠是北方的，结果给主人建造的房子有一个取暖的烟囱，而且主人特意在房子的设计图纸中说明，自己的房子不需要烟囱。那么对于测试工程师来说，这是个缺陷。

（3）软件执行需求说明书没讲的操作：与第二条类似，不同的是第二条是主人已经明确说自己不要烟囱，而这一条强调的是在主人没说的情况下，泥瓦匠自作聪明地加了一个烟囱。对于测试工程师来说，画蛇添足的功能同样被视为缺陷。

（4）软件没有实现需求说明书没讲但应该实现的功能：房子的主人对屋子的高度、格局、材料、颜色有详细的描述。泥瓦匠在建造房子的时候发现，主人没有提屋顶这回事，虽然主人没有说，但屋顶肯定要有。如果因为没有描述就没有去做，但这又是一件必须去做的事，对于测试工程师来说，就可以视为缺陷。

（5）从测试工程师的角度看，软件难以理解、不易使用、运行缓慢，或者最终用户认为不对：测试工程师除测试软件运行的缺陷，同样也是作为一个用户在对软件进行使用。如果自己都感觉很难使用，或软件效率非常低且界面不美观，也可以认为其存在缺陷；或者是最终用户拿到产品时发现这不是自己想要的东西，也可以视其为缺陷。当然，用户说这不是自己想要的东西，也不能仅仅凭借一面之词，可以依据合约、需求说明书进行评估。

任务 3.2 了解缺陷产生原因

任务介绍

在软件开发过程中，软件缺陷的产生是不可避免的。从软件本身、团队工作和技术问题等角度分析，就可以了解造成软件缺陷的主要因素。本任务针对缺陷产生原因进行介绍。

任务目标

了解缺陷产生原因。

知识储备

软件缺陷的产生主要是由软件产品的特点和开发过程决定的。

1. 软件本身

- 需求不清晰，导致设计目标偏离客户的需求，从而引起功能或产品特征上的缺陷；
- 系统结构非常复杂，而又无法设计成一个很好的层次结构或组件结构，结果导致意想不到的问题或系统维护、扩充上的困难；即使设计成良好的面向对象的系统，由于对象、类太多，很难完成对各种对象、类相互作用的组合测试，而隐藏着一些参数传递、方法调用、对象状态变化等方面问题；
- 对程序逻辑路径或数据范围的边界考虑不够周全，漏掉某些边界条件，造成容量或边界错误；

• 对一些实时应用，要进行精心设计和技术处理，保证精确的时间同步，否则容易引起时间上不协调、不一致带来的问题；

• 没有考虑系统崩溃后的自我恢复或数据的异地备份、灾难性恢复等问题，从而存在系统安全性、可靠性隐患；

• 系统运行环境的复杂，不仅用户使用的计算机环境千变万化，包括用户的各种操作方式或各种不同的输入数据，容易引起一些特定用户环境下的问题；在系统实际应用中，数据量很大，从而会引起强度或负载问题；

• 由于通信端口多、存取和加密手段的矛盾性等，会造成系统安全性或适用性等问题；

• 新技术的采用可能涉及技术或系统兼容的问题，有可能事先没有考虑到。

2. 团队工作

• 系统需求分析时对客户的需求理解不清楚，或者和用户的沟通不足。

• 不同阶段的开发工程师相互理解不一致。例如，产品经理对需求分析的理解有偏差，开发工程师对系统设计规格说明书某些内容重视不够，或存在误解。

• 对于设计或编程上的一些假定或依赖性，相关人员没有充分沟通。

• 项目组成员技术水平参差不齐，新员工较多，或培训不到位等原因也容易引起问题。

3. 技术问题

• 算法错误：在给定条件下没能给出正确或准确的结果；

• 语法错误：对于编译性语言程序，编译器可以发现这类问题；但对于解释性语言程序，只能在测试运行时发现；

• 计算和精度问题：计算的结果没有满足所需要的精度；

• 系统结构不合理、算法选择不科学，造成系统性能低下；

• 接口参数传递不匹配，导致模块集成出现问题。

4. 项目管理问题

• 缺乏质量文化，不重视质量计划，对质量、资源、任务、成本等的平衡性把握不好，容易挤掉需求分析、评审、测试等时间，遗留的缺陷比较多；

• 系统分析时对客户的需求不是十分清楚，或者和用户的沟通存在一些困难；

• 开发周期短，需求分析、设计、编程、测试等各项工作不能完全按照定义好的流程来进行，工作不够充分，结果也就不完整、不准确，错误较多；周期短，易给开发工程师造成压力，引起一些人为错误；

• 开发流程不够完善，存在太多的随机性和缺乏严谨的内审或评审机制，容易产生问题；

• 文档不完善，风险估计不足等。

任务 3.3 了解缺陷元素

任务介绍

缺陷元素通常包括缺陷编号、缺陷标题、缺陷的发现者 / 提交者、发现缺陷的日期、缺陷所属模块、发现缺陷的版本、指派给谁处理、缺陷类型、缺陷状态、缺陷严重程度、缺陷优先级、缺陷描述、缺陷附件等。本任务针对缺陷元素进行介绍。

任务目标

了解缺陷元素常见情况。

知识储备

1. 缺陷编号

定义：表明提交 Bug 的顺序。

说明：如果使用缺陷管理工具，编号会自动生成；实际中是整个项目组统一编号。

2. 缺陷标题

定义：简明扼要地描述该 Bug，根据标题能够使读者迅速理解 Bug 大致情况。

3. 缺陷的发现者 / 提交者

定义：一般情况为自己，或他人要求帮忙提 Bug。

4. 发现缺陷的日期

定义：一般为当天，或过去的某个时间点。

5. 缺陷所属模块

定义：在测试哪个功能模块时发现的 Bug。

6. 发现缺陷的版本

定义：在测试程序的哪个版本的时候发现的 Bug。

7. 指派给谁处理

定义：测试工程师一般指派给开发经理，开发经理根据 Bug 所在的模块，再次派给具体的开发工程师。

8. 缺陷类型

- 功能问题：影响重要的特性、用户界面、产品接口、硬件结构接口和全局数据结构，并且设计文档需求正式的变更，如指针循环，递归，功能等缺陷；
- 接口问题：与其他组件、模块或设备驱动程序、调动参数、控制块或参数列表互相影响的缺陷；
- 逻辑问题：需要进行逻辑分析，进行代码修改，如循环条件等；
- 计算问题：等式、操作符或操作数错误，精度不够、不适当的数据验证等缺陷；
- 数据问题：需要改少量代码，如初始化或控制块，如声明、重复命名、限定等缺陷；
- 用户界面问题：屏幕格式、确认用户输入、功能有特性、页面排版等方面的缺陷；
- 性能问题：由于配置库、变更管理或版本控制引起的错误；
- 标准问题：不符合各种标准的要求，如编码标准、设计符号等缺陷；
- 兼容问题：软件之间不能正确地交互共享信息；
- 安全问题：涉及用户安全，如密码明文显示；

- 建议性问题：满足功能需求逻辑，但影响用户体验，可改可不改的易用性优化；
- 产品设计修正问题：产品需求错误进行修改而造成的缺陷；
- 其他问题：以上问题所不包含的问题。

9. 缺陷状态

定义：表明缺陷此时所处的状况或处理情况，状态的取值取决于公司所使用的缺陷管理工具。

说明：以禅道为例（仅供参考，各个公司实际标准不同）。

- 测试工程师发现 Bug，提交缺陷报告给开发经理，把缺陷状况写成 New；
- 开发经理验证提交的 Bug，如果是真正的 Bug，把缺陷的状况改为 Open，指派相应的开发工程师进行修改，如果不是 Bug，把缺陷的状态改为 Rejected；
- 开发工程师看到指派给自己解决的Bug，进行Bug修改，修改完后，把缺陷的状态改成Fixed。
- 测试工程师进行返测，如果返测通过，把缺陷的状态改为Closed，如果返测失败，把缺陷的状态改为Reopen；

以上过程称为“缺陷报告处理流程”“缺陷跟踪管理过程”“缺陷的声明周期”，即New—Open—Fixed—Closed。

10. 缺陷严重程度

定义：表明该 Bug 有多糟糕或者对软件造成的影响有多大。

说明：以禅道为例（仅供参考，各个公司实际标准不同）。

- 致命：致命的 Bug，造成系统崩溃、死机等问题；
- 严重：重要逻辑问题错误、影响测试流程错误、权限错误、安全错误、性能错误等；
- 高：主要功能规则错误、模块关联性错误等；
- 中：次要功能规则错误等；
- 低：文字、UI 错误等。

11. 缺陷优先级

定义：测试工程师希望开发工程师在哪个版本中或什么时间解决该 Bug。

说明：以 Mantis 为例（仅供参考，各个公司实际标准不同）。

- 加急：立即解决，否则影响开发 / 测试进度；
- 高：本版本解决；
- 中：下一版本解决；
- 低：发布之前解决。

严重程度和优先级不要混淆，以下为影响优先级的主要因素：

- Bug 的严重程度：一般情况下，严重程度越高，优先级越高；
- Bug 的影响范围：一般影响范围越广，优先级就越高；
- 开发组的任务压力：一般进度压力越小，优先级越高；
- 解决 Bug 的成本：一般成本越低，优先级越高。

12. 缺陷描述

定义：把发现 Bug 的步骤、过程、使用数据记录下来，开发工程师通过描述能够再现该 Bug。

说明：通用缺陷描述模板如下所示。

- 操作步骤：正确进入 × 页面 / 窗口；
  输入 ××× 数据；
  进行 ××× 操作。
- 预期结果：×××× 提示错误。
- 实际结果：×××× 提示正确。

13. 缺陷附件

定义：把发现 Bug 的位置进行截图，以便开发工程师根据图文结合更好地再现 Bug。

任务 3.4 缺陷编写

任务介绍

测试工程师发现 Bug 后需要将 Bug 详细描述给开发工程师，一般不会使用 QQ、微信等通信工具直接发送，也不会用 Excel 等发送，这样不够严谨，也不方便跟踪。目前市场上有很多通用的项目管理工具或缺陷管理工具，企业通常直接使用相关工具进行缺陷管理。本任务针对缺陷编写进行介绍。

任务目标

了解缺陷编写情况。

知识储备

不同企业根据不同的需求会使用不同的管理工具，市场上常见的有禅道、Mantis、QC、TestLink、Bugzilla 等，还有的企业会基于开源的管理工具自行二次开发以满足需求。虽然软件很多，但是缺陷的表达方式、元素不会有太大改变。

一般只有缺陷摘要以及缺陷描述需要测试工程师自己编写，其他元素基本是通过下拉框选择。在编写缺陷摘要和缺陷描述的时候要注意以下问题：

- 缺陷摘要要尽可能简单地说明什么功能出现什么问题，便于开发快速定位。
- 缺陷描述中包含三要素：操作步骤、预期结果、实际结果。这样的编写方式有利于开发复现问题以及进行修改，节省时间。

在单元 2 工具使用与配置中针对如何使用禅道、Mantis 管理缺陷进行了介绍，此处不再赘述。

模块 4　测试文档设计

软件测试文档一般是提供测试信息的一组文档，可以作为测试人员的工具，也可以作为项目开发团队的开发辅助工具。本模块针对测试计划、测试总结报告等方面进行测试文档设计介绍。

任务 4.1　测试计划设计

任务介绍

项目管理有项目计划，开发系统有开发计划，测试有测试计划来确定测试项、被测特性、测试任务，谁执行任务以及各种可能的风险。测试计划可以有效预防计划的风险，保障计划的顺利实施。本任务针对测试计划进行介绍。

任务目标

设计人力资源综合服务系统测试计划。

知识储备

1. 测试计划的作用

软件项目的测试计划是描述测试目的、范围、方法和测试重点等的文档。详细的测试计划可以帮助测试项目组之外的人了解为什么和怎样验证产品。软件测试计划作为软件项目计划的子计划，在项目启动初期必须规划。

软件测试计划是指导测试过程的纲领性文件，包含产品概述、测试策略、测试方法、测试区域、测试配置、测试周期、测试资源、测试交流、风险分析等内容。借助软件测试计划，参与测试的项目成员，尤其是测试管理者，可以明确测试任务和测试方法，保持测试实施过程的顺畅沟通，跟踪和控制测试进度，应对测试过程中的各种变更。

一个好的测试计划可以起到如下作用：

- 使测试工作和整个开发工作融合起来；
- 使资源和变更事先作为一个可控制的风险。

2. 测试计划制订原则

5W1H 规则指的是“What（做什么）”“Why（为什么做）”“When（何时做）”“Where（在哪里）”“Who（谁做）”“How（如何做）”。利用 5W1H 规则创建软件测试计划，可以帮助测试团队理解测试的目的（Why），明确测试的范围和内容（What），确定测试的开始和结束日期（When），指出测试的方法和工具（How），确定执行人（Who），给出测试文档和软件的存放位置（Where）。为使 5W1H 规则更具体化，需要准确理解被测软件的功能特征、应用行业的知识和软件测试技术，在需要测试的内容里面突出关键部分，列出关键及风险内容、属性、场景或者测试技术。对测试过程的阶段划分、文档管理、缺陷管理、进度管理给出切实可行的方法。

编写软件测试计划要避免测试计划“大而全”，篇幅冗长，重点不突出，既浪费写作时间，也浪费测试工程师的阅读时间。

“大而全”的一个常见表现就是测试计划文档包含详细的测试技术指标、测试步骤和测试用例。最好的方法是把详细的测试技术指标包含到独立创建的测试详细规格文档，把用于指导测试小组执行测试过程的测试用例放到独立创建的测试用例文档或测试用例管理数据库中。测试计划和测试详细规格、测试用例之间是战略和战术的关系，测试计划主要从宏观上规划测试活动的范围、方法和资源配置，而测试详细规格、测试用例是完成测试任务的具体战术。

3. 测试计划的组成

制订测试计划，目的是确定测试目标、测试范围和任务，掌握所需的各种资源和投入，预见可能出现的问题与风险，采取正确测试策略，以指导测试执行，最终按时按量地完成测试任务，达到测试目标。

在掌握项目足够信息后，开始起草测试计划。起草测试计划，可以参考相关的测试计划模板。测试计划以测试需求和范围的确定、测试风险的识别、资源和时间的估算等为中心工作，完成一个现实可行的、有效的计划。一个良好的测试计划，其主要内容如下：

- 测试目标：包括总体测试目标以及各阶段测试对象、目标及其限制；
- 测试需求和范围：确定哪些功能特性需要测试，哪些功能特性不需要测试，包括功能特性分解、具体测试任务确定，如功能测试、用户界面测试、性能测试和安全性等；
- 测试风险：潜在测试风险分析、识别，以及风险回避、监控和管理；
- 项目估算：根据历史数据和采用恰当的评估技术，对测试工作量、测试周期以及所需资源做出合理的估算；
- 测试策略：根据测试需求和范围、测试风险、测试工作量和测试资源限制等来决定测试策略，是测试计划的关键内容；
- 测试阶段划分：合理阶段划分，并定义每个测试阶段人员要求及完成的标准；
- 项目资源：各个测试阶段资源分配，软硬件资源和人力资源的组织和建设，包括测试人员角色、责任和测试任务；
- 日程：确定各个测试阶段结束日期及最后测试报告提交日期，采用时限图、甘特图等方法制定详细的时间表；
- 跟踪和控制机制：问题跟踪报告、变更控制、缺陷预防和质量管理等，如可能会导致测试计划变更的事件，包括测试工具改进、测试环境影响和新功能变更等。

4. 制订测试计划

测试计划模板每一个公司因为行业性的差异都会有些许不同，但是关键内容基本一致。下面给出较为通用的测试计划模板。

××× 系统测试计划

1 概述

1.1 编写目的

[说明编写本测试计划的目的和读者]

1.2 项目背景

[项目背景说明]

2 测试任务

2.1 测试目的

[说明进行项目测试的目标或所要达到的目标]

2.2 测试参考文档

[本次测试的参考文档说明]

2.3 测试范围

[本测试报告的具体测试方向，根据什么测试，指出需要测试的主要功能模块]

3 测试资源

3.1 硬件配置

关键项	数量	配置
测试 PC（客户端）	××	CPU：IX 内存：××GB 硬盘：×××GB

3.2 软件配置

资源名称 / 类型	配置
操作系统环境	操作系统主要为 Windows
浏览器环境	主流浏览器有：××× 浏览器
功能性测试工具	×××

3.3 人力资源分配

[在此介绍××系统的整体人员责任工作任务分配情况]

角色	人员	主要职责
测试负责人	01_ 张三	协调项目人员安排…
…	…	…

4 功能测试计划

[在此介绍××系统的功能模块]

需求编号	角色	一级模块	二级模块	三级模块	测试人员
ERP—001	管理员 / 操作用户	登录	登录	—	01—张三
ERP—002	管理员 / 操作用户	首页	首页	—	01—张三
ERP—003	管理员 / 操作用户	结算管理	账套信息管理	—	01—张三
ERP—004	管理员 / 操作用户		门店付款管理	—	01—张三
ERP—005	管理员 / 操作用户		供应商对账	—	01—张三
…	…	…	…	…	…

5 测试整体进度安排

[在此介绍××系统的整体进度情况，各个阶段的时间、人员、工作内容、产出物等]

测试阶段	时间安排	参与人员	测试工作内容安排	产　出
需求分析	开始时间—××:××	01_张三…	进行需求分析理解	
…	…	…	…	…

6 相关风险及解决计划

[列出在此项目的测试工作所存在的各种风险的假定，需要考虑项目测试过程中可能发生的具体事务，分别分析并加以应对]

6.1 风险

6.2 解决计划

5. 测试计划与测试方案

测试计划是指描述要进行的测试活动的范围、方法、资源和进度的文档。它主要包括测试项、被测特性、测试任务、谁执行任务和风险控制等。

测试方案是指描述需要测试的特性、测试的方法、测试环境的规划、测试工具的设计和选择、测试用例的设计方法、测试代码的设计方案。

测试计划好比电视机组装的进度、人员分配、风险，测试方案好比电视机组装的具体方法，什么顺序、某个电路板如何连接，前者负责大体工作，后者负责细节工作，如表3-4-1-1所示。

表 3-4-1-1

项目	测试计划	测试方案
目标	对测试全过程的组织、资源、原则等进行规定和约束，并制订测试全过程各个阶段的任务以及时间进度安排，提出对各项任务的评估、风险分析和需求管理	描述需要测试的特性、测试的方法、测试环境的规划、测试工具的设计和选择、测试用例的设计方法、测试代码的设计方案
关注点	组织管理层面的文件，从组织管理的角度对一次测试活动进行规划	技术层面的文档，从技术的角度度一次测试活动进行规划
具体内容	（1）明确测试组织的组织形式：①测试组织和其他部门关系，责任划分；②测试组织内的机构和责任安排。 （2）明确测试的测试对象（明确测试项，用于后面划分任务，估计工作量等） （3）完成测试的需求跟踪 （4）明确测试中需要遵守的原则：①测试通过/失败标准；②测试挂起和回复的必要条件 （5）明确测试工作任务分配是测试计划的核心：①进行测试任务划分；②进行测试工作量估计；③人员资源和物资源分配；④明确任务的时间和进度安排；⑤风险的估计和规避措施；⑥明确测试结束后应交付的测试工作产品	（1）明确策略 （2）细化测试特性（形成测试子项） （3）测试用例的规划 （4）测试环境的规划 （5）自动化测试框架的设计 （6）测试工具的设计和选择
关系	测试方案需要在测试计划的指导下进行，测试计划提出“做什么”，而测试方案明确“怎么做”	

不同的测试类型对应的测试方案不尽相同，自动化测试、性能测试、接口测试等不同的测试对应的测试方案差别也较大，所以这里对测试方案的模板不进行实例介绍。

任务实施

视频
ERP系统测试计划

人力资源综合服务系统测试计划

1　概述

1.1　编写目的

本文档为人力资源综合服务系统的测试计划文档，在对《人力资源综合服务系统需求说明书》进行分析的前提下，进行项目信息收集和测试任务的分配，规范测试流程，编写本文档以便达到以下目的：

（1）确定被测项目的信息和了解被测系统的构件，方便开展测试；

（2）分析测试对象，确定测试范围，列出测试需求；

（3）明确测试项目的分工，进行项目总体进度安排，预估测试任务的工作量；

（4）确定测试所需的软硬件资源以及人力资源，确保测试项目的顺利开展；

（5）列出测试可采用的策略和测试方法，便于科学有效地进行测试；

（6）列出测试项目产出的可交付文档；

（7）预估项目的风险和成本，并制定应对措施。

本文档可能的合法读者为软件开发工程师、软件测试工程师、项目经理、软件测试组等项目相关的干系人。

1.2　项目背景

随着信息化时代的到来，实现人力资源综合服务系统的数字化网络化管理是任何一个事业单位及企业的需求。通过计算机软件，可以提高人力资源综合服务系统的准确性。而人力资源综合服务系统是一个综合性 Web 端系统。它在吸收先进管理思想的基础上，综合运用各种现代信息技术，可以有力地促进整体管理水平的提高。

2　测试任务

2.1　测试目的

对人力资源综合服务系统进行测试的目的是测试系统是否满足需求说明书中的要求，主要有以下几点：

（1）测试系统的功能是否实现，以及是否与需求保持一致；

（2）验证系统业务逻辑是否正确；

（3）尽可能多地发现系统存在的缺陷；

（4）反馈软件产品存在的缺陷，使产品质量在上线发布前得到保障。

2.2　测试参考文档

文档名称	版　本	日　期	作　者
《人力资源综合服务系统需求说明书》	无	2018-××-××	官方

2.3　测试范围

测试主要根据人力资源综合服务系统—需求说明书进行功能、UI、兼容性测试。

主要模块包括：登录、首页、系统用户管理、类别维护、组织机构管理、岗位管理、员工基本信息管理、劳动合同管理、招聘管理、薪酬管理、证书管理、培训进修管理、奖惩管理、人事管理统计报表、考核测评管理、调查问卷管理、论坛后台管理、门户后台管理、个人信息维护、个人薪酬、劳动合同、培训进修、个人证书、个人奖励信息、考核成绩录入、调查问卷、论坛首页、门户首页。

3 测试资源

3.1 硬件配置

关键项	数量	配置
测试 PC（客户端）	4	i7，硬盘 500 GB，内存 8 GB，此配置是实际用机

3.2 软件配置

资源名称 / 类型	配置
操作系统环境	操作系统主要为：Windows 7 64 位
浏览器环境	主流浏览器有：Google Chrome、IE
功能性测试工具	手工测试

3.3 人力资源分配

角色	人员	主要职责
测试负责人	Tester01	（1）设定测试流程和管理流程 （2）跟踪测试进度，协调项目安排 （3）需求分析 （4）撰写测试计划 （5）负责编写测试用例并执行 （6）汇总 Bug 数据，分析测试结果 （7）撰写测试总结报告 （8）整理并提交产出文档
测试工程师	Tester02	（1）需求分析 （2）负责测试用例编写 （3）执行测试用例，测试对应模块 （4）提交 Bug 缺陷，统计 Bug 和用例数量并提交
测试工程师	Tester03	（1）需求分析 （2）负责测试用例编写 （3）执行测试用例，测试对应模块 （4）提交 Bug 缺陷，统计 Bug 和用例数量并提交
测试工程师	Tester04	（1）需求分析 （2）负责测试用例编写 （3）执行测试用例，测试对应模块 （4）提交 Bug 缺陷，统计 Bug 和用例数量并提交

4 功能测试计划

需求编号	模块名称	功能名称	测试人员
001	登录	登录系统	Tester01
…	…	…	…

5 测试整体进度安排

测试阶段	参与人员	测试工作内容安排	产出
需求评审和分析	产品经理 开发人员 Tester01 Tester02	（1）了解被测项目背景 （2）评审需求说明书 （3）记录需求问题 （4）分析项目测试需求	（1）需求问题记录 （2）测试需求点
编写测试计划	Tester01	（1）确定测试策略 （2）根据需求分析结果编写测试计划	《测试计划》
编写测试用例	Tester01 Tester02	（1）根据分工开展测试 （2）设计负责模块的测试用例	《测试用例》
测试用例评审	产品经理 开发人员 Tester01 Tester02	（1）评审测试用例 （2）记录用例问题	《测试用例》
测试执行和 Bug 提交	Tester01 Tester02	（1）执行测试用例 （2）发现 Bug 并提交	《Bug 缺陷报告》
交叉自由测试	Tester01 Tester02	交换模块自由测试	《Bug 缺陷报告》
回归测试	Tester01 Tester02	开发人员修改 Bug 后回归再次验证	《Bug 缺陷报告》
编写测试总结	Tester01	（1）汇总测试数据 （2）分析测试结果 （3）编写测试总结报告	《测试总结报告》
整理提交文档	Tester01 Tester02	（1）整合产出文档 （2）做好文档提交	完成文档提交

6 相关风险及解决计划

在软件系统的测试中，测试风险是不可避免的，因此对测试风险的管理非常重要，项目组必须尽力降低测试过程中存在的风险，最大限度地保证质量，使其满足客户的需求。

人力资源综合服务系统测试中可能存在的风险、相关风险的应对措施以及相应风险的跟进负责人参考下表。

风险编号	风险描述	应对措施	负责人
1	需求说明书内容不全面	（1）测试项目初期评审需求说明书 （2）进行协调沟通，明确测试需求	Tester01
2	软件资源无法满足测试需求 硬件资源无法满足测试需求	（1）分析测试所需的软件资源 （2）分析测试所需的硬件资源 （3）对现有软硬件资源进行评估	Tester01
3	人力资源不足，可能影响测试进度	（1）保证稳定的人员安排 （2）合理分配测试任务	Tester01

续表

风险编号	风险描述	应对措施	负责人
4	项目时间不充足，可能导致测试不够充分	（1）制订详细的测试计划 （2）及时监控测试进度 （3）根据实际情况做出合理调整，确保测试任务按照预期开展	Tester01
5	需求说明书变更	（1）按照新的需求尽快进行修改补充 （2）赶工进行测试	Tester01

任务 4.2 测试总结报告设计

任务介绍

测试报告是测试阶段最后的文档产出物。优秀的测试经理或测试工程师应该具备良好的文档编写能力。一份详细的测试报告包含足够的信息，包括产品质量和测试过程的评价，测试报告基于测试中的数据采集以及对最终的测试结果分析。本任务针对测试总结报告进行介绍。

任务目标

设计人力资源综合服务系统测试总结报告。

知识储备

1. 测试报告的作用

产品测试完毕后，测试主管建议测试团队开一个“事后诸葛亮”会议。会议的核心问题是：“如果你可以重新来过，哪些方面可以做得更好？”另外，在会议上问“为什么”的时候，要多问几次，层层推进，找到问题的根源。

例如，测试后期发现一个很严重的 Bug。

（1）为什么这么晚才发现？

因为程序没有考虑某种边界条件。

（2）为什么在测试阶段没有测试出来？

因为这个代码是测试的最后阶段才加进去的。

（3）为什么不通知产品和测试工程师？

因为开发认为这是常识性问题，是很简单的修改，不需要告知。

问到这个层次，就把问题根源很明显地暴露出来了，要做的就是在之后的项目中针对问题进行改正。

在测试过程中，一个测试工程师或者一个测试团队在现实工作过程基本不可能完全和测试计划时所预计的一致，总会产生一些偏差。测试总结报告的作用就是回顾过去、发现问题、解决问题。测试总结报告的读者是测试工程师、开发工程师、产品经理、项目经理等，他们都可以根据测试总结来发现自身工作过程中的问题。

2. 测试报告制订原则

（1）要有明确的结论。一个有效的测试报告，关键是有一个建立在真实测试数据上，客观、公正的明确结论。

（2）每一条结论都建立在事实、数据上。前面已经提到，测试报告中最重要的就是要有明确的结论。这些结论不管以何种形式展现出来，每条结论必须建立在事实、数据上。测试结论不能依照少量的不可靠的数据进行推测，更不能凭空捏造。

（3）测试报告中结果应尽可能地以图文结合方式展现出来。测试报告的读者往往是项目经理，或者公司高层，以及客户，所以测试报告应尽可能以直观的形式展现出来。比如，数据最好以列表的形式展现出来；测试迭代情况最好以折线图展现出来，并在图表下配以文字说明。

（4）测试报告中，必须客观填写，在结尾给予一定的建议。测试报告必须客观真实地反应软件测试的质量检测结果，所以应该排除个人因素，客观地去填写结果、说明和报告。如果有一些想法和建议，也可以在报告结论之后进行附加说明。

3. 测试报告组成

- 编写目的：本测试报告具体编写目的，指出相关阅读人员。
- 项目背景：对项目目标和目的进行简要说明。必要时包括简史，这一部分直接从需求或者招标文件中复制即可。
- 测试参考文档：根据被测系统实际情况，参考被测系统中需要用到的各种资料，方便后续测试工作。
- 项目组成员：列出参与此项目的人员及对应角色，描述各个人员的主要职责。
- 测试方法：通过对被测系统测试，找出相应测试方法，并对测试方法进行简要描述。
- 测试用例设计方法：简要介绍测试用例的设计方法。例如，等价类划分、边界值、因果图等，并对各种方法简单描述和给出实例。
- 测试环境与配置：简要介绍测试系统时所需资源类型，以及相关资源类型配置要求。
- 测试进度回顾：列出测试阶段、各个阶段所需时间，以及参与人员以及对应时间安排。
- 测试进度总结：在测试进度过程中，将用例、Bug 等情况进行汇总及分析，确认问题。
- 用例汇总：通过表格形式，将被测系统中各个模块编写测试用例条数进行汇总，同时写出各个模块编写人员和执行人员。
- Bug 汇总：通过表格形式，将被测系统中各个模块通过执行测试用例发现的 Bug 进行汇总，并区分严重程度和 Bug 类型。
- 测试结论：被测系统测试完成后，根据整体测试流程发现的问题进行问题总结和问题说明，对软件质量进行评估，并且总结个人收获等。

• 对于大系统/项目来说最终要统计资源的总投入，必要时要增加成本一栏，以便管理者了解测试成本。

4. 制订测试报告

测试报告模板每一个公司因为行业性的差异都会有些许不同，但是关键内容基本一致。下面给出较为通用的测试报告模板。

××× 系统测试报告

1 测试概述

1.1 编写目的

[本测试报告的具体编写目的，指出预期的读者范围]

1.2 项目背景

[项目背景说明]

2 测试参考文档

[测试参考文档]

3 项目组成员

角　色	人　员	主要职责
测试负责人	01_张三	协调项目人员安排…
…	…	…

4 测试设计介绍

4.1 测试用例设计方法

[简要介绍测试用例的设计方法，例如：等价类划分]

4.2 测试环境与配置

资源名称/类型	配　置
PC	操作系统主要为 Windows；浏览器有：×××

4.3 测试方法

[测试过程使用的测试方法介绍]

5 测试进度

5.1 测试进度回顾

[描述测试过程中的测试进度以及总结]

测试阶段	实际时间安排	参与人员	实际测试工作安排
需求分析	开始时间—××:××	01_张三、01_李四、01_王五	进行需求分析理解
…	…	…	…

5.2 测试进度总结

[描述测试过程中的测试过程以及结果]

6　用例汇总

功 能 模 块	测试用例总数	用例编写人	执　行　人
登录	…	01_ 张三	01_ 张三
…	…	…	…
用例合计（个）	…	…	—

7　Bug 汇总

[对发现的 Bug 按照不同标准进行汇总]

功能模块	按 Bug 严重程度个数						Bug 类型				
	严重	很高	高	中	低	合计	功能 Bug	UI Bug	建议性 Bug	兼容性 Bug	合计
登录											
…											
合计（个）											

8　测试结论

[最终测试结果总结说明，测试过程中遇到的重要问题以及如何解决、被测系统的质量总结，个人的收获以及团队的得失等]

任务实施

视频
ERP系统测试报告

人力资源综合服务系统测试报告

1　测试概述

1.1　编写目的

本测试报告为人力资源综合服务系统的测试报告，目的在于总结测试阶段的测试情况，描述系统是否符合用户需求，是否已达到用户预期的功能目标，并对测试质量进行分析。测试报告参考文档提供给测试工程师、开发工程师、产品经理、项目经理、其他管理人员和需要阅读本报告的人员阅读。

1.2　项目背景

随着信息化时代的到来，实现人力资源综合服务系统的数字化网络化管理是任何一个事业单位及企业的需求。通过计算机软件，可以提高人力资源综合服务系统的准确性。人力资源综合服务系统是一个综合性 Web 端系统。它在吸收先进管理思想的基础上，综合运用各种现代信息技术，可以有力地促进整体管理水平的提高。

2　测试参考文档

需求说明书、测试计划、测试用例、测试 Bug 缺陷报告清单。

3 项目组成员

角　色	人　员	主要职责
测试负责人	Tester01	（1）设定测试流程和管理流程 （2）跟踪测试进度，协调项目安排 （3）需求分析 （4）撰写测试计划 （5）负责编写测试用例并执行 （6）汇总 Bug 数据，分析测试结果 （7）撰写测试总结报告 （8）整理并提交产出文档
测试工程师	Tester02	（1）需求分析 （2）负责测试用例编写 （3）执行测试用例，测试对应模块 （4）提交 Bug 缺陷，统计 Bug 和用例数量并提交
测试工程师	Tester03	（1）需求分析 （2）负责测试用例编写 （3）执行测试用例，测试对应模块 （4）提交 Bug 缺陷，统计 Bug 和用例数量并提交
测试工程师	Tester04	（1）需求分析 （2）负责测试用例编写 （3）执行测试用例，测试对应模块 （4）提交 Bug 缺陷，统计 Bug 和用例数量并提交

4 测试设计介绍

4.1 测试用例设计方法

测试用例的设计采用等价类划分法、边界值法、错误推测法、因果图法、场景法。

（1）等价类划分法：是指某个输入域的子集合。

（2）边界值法：是指对输入或输出的边界值进行测试的一种黑盒测试方法。

（3）错误推测法：基于经验和直觉推测程序中所有可能存在的各种错误，从而有针对性地设计测试用例方法。

（4）因果图法：一种利用图解法分析输入的各种组合情况，从而设计测试用例的方法，它适合于检查程序输入条件的各种组合情况。

（5）场景法：现在的软件几乎都是用事件触发来控制流程的，事件触发时的情景便形成场景，而同一事件不同的触发顺序和处理结果就形成事件流。

4.2 测试环境与配置

资源名称 / 类型	配　置
PC	操作系统主要为 Windows 7；浏览器有 Chrome、IE

4.3 测试方法

UI 测试：用户界面测试是指测试用户界面的风格是否满足客户要求，文字是否正确，页面是否美观，文字 \ 图片组合是否完美，操作是否友好等。UI 测试的目标是确保用户界面会通过测试对象的功能来为用户提供相应的访问或浏览功能；确保用户界面符合公司或行业的标准，包括用户友好性、人性化、易操作性测试。

黑盒测试：软件测试工程师从用户的角度，通过各种输入和观察软件的各种输出结果来发现软件存在的缺陷，而不关心程序具体如何实现的一种软件测试方法。

……

5 测试进度

5.1 测试进度回顾

测试阶段	实际时间安排	参与人员	实际测试工作安排
需求分析	开始时间—××:××	01_张三、01_李四、01_王五	进行需求分析理解
编写测试计划		01_张三	测试计划文档编写
编写测试用例		01_张三、01_李四、01_王五	测试用例编写
第一遍全面测试		01_张三、01_李四、01_王五	执行测试用例
兼容性测试		01_王五	兼容性测试
交叉自由测试		01_张三、01_李四、01_王五	执行测试用例
回归测试		01_张三、01_李四、01_王五	执行测试用例
测试总结报告	××:××—结束时间	01_张三	测试总结报告编写

5.2 测试进度总结

测试用例共计 ××× 条，功能测试过程中执行用例 ××× 条，测试通过 ××× 条，测试未通过 ××× 条，功能测试用例通过率为 ××%，本系统功能问题较多，请开发工程师尽快改正。

6 用例汇总

功能模块	测试用例总数	用例编写人	执行人
登录首页	××	01_张三	01_张三
…	…	…	…
用例合计（个）	…	…	…

7 Bug 汇总

功能模块	按 Bug 严重程度						按 Bug 类型					
	严重	很高	高	中	低	合计	功能 Bug	UI Bug	建议性 Bug	性能 Bug	安全性 Bug	合计
登录	0	0	×	×	×	×	×	×	0	0	×	×
…	…	…	…	…	…	…	…	…	…	…	…	…
合计（个）	…	…	…	…	…	…	…	…	…	…	…	…

8 测试结论

1）最终测试结果总结说明

对系统进行功能性、UI 测试，测试 ×× 个模块，编写 ××× 用例，发现 ×× 个 Bug。

主流浏览器中，主要为功能性 Bug。

2）测试过程中遇到的问题总结

（1）小组负责人时间预估不足，对需求说明书讨论的时间过长导致编写用例的时间过于紧张；

（2）需求不清楚；

（3）用例不充分。

3）被测系统的质量评价

系统共计 Bug 有 ××× 个，其中功能性 Bug 有 ××× 个，其中存在影响系统正常运行以及影响用户使用体验的 Bug。

整体功能性问题较多，需要开发工程师改 Bug 后测试工程师回归，当前系统无法上线。

4）个人和团队的收获

测试过程中团队有一些不太统一的意见，经过协商和讨论，最终达成一致，组员和组员之间的合作效率大大加快，有质有量地完成此次测试。对整个测试项目的周期有充分的了解，用例编写的效率大大提升，对复杂 Bug 有更好的理解，对计划和总结的编写有正确的认知。

单元项目实战 1　人力资源综合服务系统（岗位类别管理）功能测试

文本
单元3　单元项目实战1

项目介绍

在全球一体化浪潮和新技术革命的不断推动下，人力资源在人类社会经济生活中处于越来越核心的地位；未来的经济竞争，不再局限于物质资源和物质资本，人力资源成为最根本的竞争优势。如何围绕企业宗旨、针对各类人员特点及企业的管理现状，“设计出实用有效的人力资源管理系统，从而实现由人工管理向计算机管理的转型，使人力资源管理工作变得更为客观有效，优化配置、提高办学效益”，成为企业人力资源管理系统设计面临的首要问题。

某公司开展人力资源综合服务系统开发项目，目前已完成产品设计、系统开发，即将开展测试工作。

项目目标

作为测试人员需针对“人力资源综合服务系统—岗位类别管理”展开功能测试，检查模块中的功能是否符合需求说明书的要求，运用测试用例设计方法结合对需求说明书的分析，设计测试用例，并依据测试用例，在系统中执行测试用例，发现系统缺陷，编写缺陷报告，回归系统缺陷，确保系统缺陷被修复，请按照项目步骤展开相关工作。

项目步骤

- 步骤 1：需求分析；
- 步骤 2：测试用例设计；
- 步骤 3：测试用例执行；
- 步骤 4：回归测试。

文本
单元3 单元项目实战2

单元项目实战 2　人力资源综合服务系统（招聘管理模块）功能测试

项目介绍

在全球一体化浪潮和新技术革命的不断推动下，人力资源在人类社会经济生活中处于越来越核心的地位；未来的经济竞争，不再局限于物质资源和物质资本，人力资源成为最根本的竞争优势。如何围绕企业宗旨、针对各类人员特点及企业的管理现状，“设计出实用有效的人力资源管理系统，从而实现由人工管理向计算机管理的转型，使人力资源管理工作变得更为客观有效，优化配置、提高办学效益”，成为企业人力资源管理系统设计面临的首要问题。

某公司开展人力资源综合服务系统开发项目，目前已完成产品设计、系统开发，即将开展测试工作。

项目目标

作为测试人员需针对“人力资源综合服务系统—招聘管理模块”展开功能测试，检查模块中的功能是否符合需求说明书的要求，运用测试用例设计方法结合对需求说明书的分析，设计测试用例，并依据测试用例，在系统中执行测试用例，发现系统缺陷，编写缺陷报告，回归系统缺陷，确保系统缺陷被修复，请按照项目步骤展开相关工作。

项目步骤

- 步骤 1：需求分析；
- 步骤 2：测试用例设计；
- 步骤 3：测试用例执行；
- 步骤 4：回归测试。